HINWEIS DES VERLAGS Die in diesem Buch erwähnten Pflanzen, die aus Platzgründen nicht mit Bild gezeigt werden konnten, stellen wir für Sie in der Pflanzensuche unserer kostenlosen Garten-App mit Foto und vielen Zusatzinformationen zur Verfügung. Weitere Infos auf **www.gardify.de.**

MEIN GARTEN IM WANDEL

DES ZEITGEISTES UND DES KLIMAS

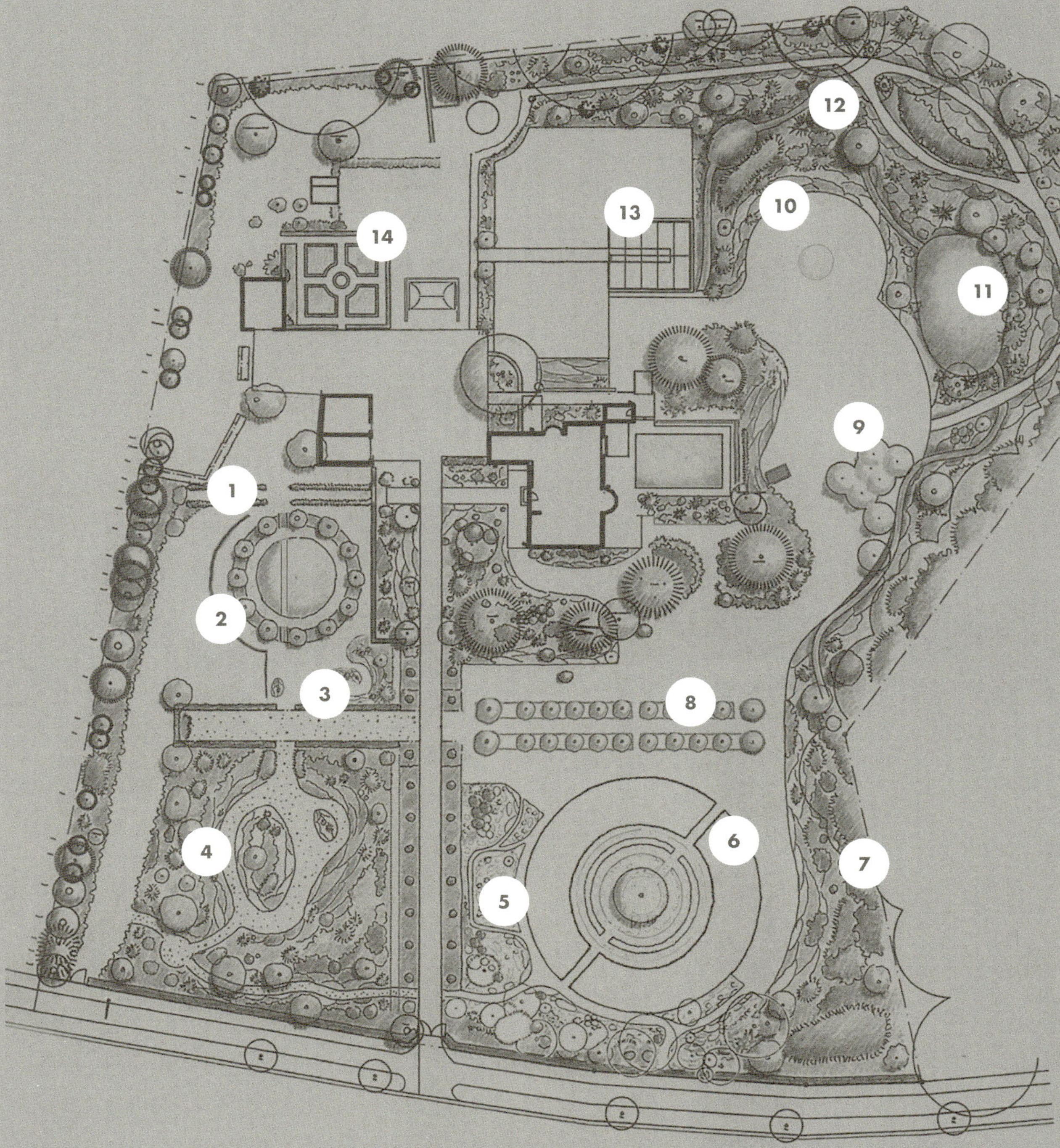

1	Miscanthus-Allee	8	Stewartia-Allee
2	Silbergarten	9	Birkenhain
3	Bronzegarten	10	Staudenborder
4	Kiesgarten	11	Teich
5	Heide-Garrigue-Garten	12	Waldgarten
6	Wiesenkreis und Wintergarden	13	Staudengärtnerei
7	Waldsaum	14	Entdeckergarten

HORTVS

MEIN GARTEN IM WANDEL

DES ZEITGEISTES UND DES KLIMAS

PETER JANKE

FOTOS VON JÜRGEN BECKER

Den eigenen Garten als aktives Stück Natur zu betrachten, heißt zwangsläufig, seinen Wandel zu akzeptieren. Veränderungen liegen im Charakter eines jeden Gartens. Die unterschiedlichen Jahreszeiten formen das Aussehen, die Nutzung und vor allem die Atmosphäre des gestalteten Außenraumes. Dabei empfinde ich es als großes Glück, in den gemäßigten Breiten gärtnern zu dürfen, wo die jahreszeitlichen Ausprägungen, im Unterschied zu beispielsweise tropischen Gefilden, besonders deutlich erkennbar sind.

Über den immerwährenden Jahreslauf hinaus verändern sich Ziergärten zudem auf weiter gefassten Zeitebenen. So hat sich in der langen Geschichte der Ziergartentradition die Ästhetik in stetem Wandel befunden. Der kreative Ausdruck bei der Gestaltung im Freien und in der schöpferischen Arbeit mit Pflanzen unterlag und unterliegt also auch immer gesellschaftlichen Bewegungen und Moden. Es liegt auf der Hand, dass die Intention zur Anlage eines Gartens, dessen Bestimmung nicht in der Produktion von Lebensmitteln festgeschrieben ist, der vielmehr Ort der Ruhe und der persönlichen Darstellung ist, in früheren Jahrhunderten eine andere war als heute. So entwickelten sich etwa aus barocken (Garten-)Machtdemonstrationen im Wandel der Zeit immer neue grüne Gesellschaftsspiegel. Auch der Anspruch an die Nutzbarkeit und an einen realisierbaren Pflegeaufwand veränderte die gestalteten Inhalte unserer Gartenkultur immer wieder.

Ein weiterer Hauptfaktor, warum sich Gärten in stetem Wandel befinden, fußt in der schlichten Tatsache, dass Pflanzen wachsen. Ein Baum wird gepflanzt, wächst, wird groß und beschattet allmählich die darunterliegenden Flächen. Dann kann es passieren, dass die hier zuvor so wunderbar dichte Rasenfläche oder das Beet voller Sonnenstauden nicht mehr wie früher gedeihen können. Fällt ein Baum um, führt dies ebenfalls zu einer harschen Veränderung seiner Umgebung, und aus dem Schattenbeet kann eine Steppensituation werden.

Mittlerweile müssen wir über diese bekannten Formen des Wandels in Gärten zusätzlich ganz neuen Veränderungen ins Auge schauen. Dass sich das Klima bereits spürbar gewandelt hat und sich sehr wahrscheinlich in bereits ganz naher Zukunft noch viel stärker verändern wird, ist dem Landschaftsbild ablesbar und durch eine Flut von wissenschaftlichen Analysen bestätigt. Das wird die Gesamtheit unserer Gärten immens beeinflussen – unabhängig vom individuellen Stil des einzelnen Gartenstücks.

Doch wie muss ich als durchschnittlicher Gartenbesitzer mit diesem komplexen Thema umgehen? Was bedeutet der Klimawandel für mich und meinen Garten ganz persönlich, und kann ich diesem schlecht einzustufenden Wandel überhaupt etwas entgegensetzen? Müssen sich meine Bepflanzungen und muss sich die Pflege meines Garten ändern, und wie aufwendig wäre dies?

Als ich mir diese Fragen vor langen Jahren stellte, wurde mir bald gewahr, dass es mir

Die Beetflächen, die unseren Wiesengarten einrahmen, sind 2017 noch mit saftiggrünem Rasen umgeben. Ab 2018 war der Rasen an diesem vollsonnigen Ort ohne Zusatzbewässerung nicht mehr zu halten.

2019 erstellten wir für fünfhundert Quadratmeter verbrannter Rosenfläche ein neues Konzept, das auch langfristig ohne Bewässerung auskommen wird – unseren neuen Heide-Garrigue-Garten. Sandmulch hilft den trockenheitsverträglichen Pflanzen, hier langfristig zu überleben.

an ausreichend Informationen zum Thema fehlte. Ich las viel und traf mich mit etlichen Fachleuten und Kollegen, um Erfahrungen auszutauschen. Ein Meilenstein in dieser frühen Recherchezeit war unfraglich die Zeit, in der ich für Beth Chatto in ihrem bedeutsamen Garten im britischen Essex arbeiten durfte. Ihre Weitsichtigkeit und ihr warnendes Feingefühl für die menschengemachte Veränderung der Natur machte diese Ausnahme-Pflanzenkennerin schon früh weltberühmt. Ihre über ein ganzes Menschenleben zusammengetragenen Erkenntnisse zur Pflanzenverwendung in Gärten stellen noch heute das Fundament meines eigenen Pflanzenwissens dar.

Nach meiner Zeit in England brannte ich darauf, einen eigenen großen Garten in Deutschland anzulegen. 2006 begann ich mit der Neukonzeption und der Gestaltung eines ganz besonderen Gartenstücks am Rande meiner Heimatstadt Hilden. Am Übergang von Niederrhein und Bergischem Land fand ich meinen neuen Lebensort, der von 1,4 Hektar Rasenfläche umgeben war. Das eiszeitlich geprägte Bodengefüge, durch das der Rhein hier vor langer Zeit sowohl feinen, sauren Sand als auch Tonsedimente schob, erschien mir in all seiner Zerrissenheit perfekt zur Anlage eines Gartens, der sich in unterschiedlichste Gartenteile und Pflanzengesellschaften gliedern sollte. Der Heterogenität des Bodengefüges und den starken Unterschieden der Licht- und Feuchtigkeitsverhältnisse folgend, entwarf ich ein Gartenkonzept, welches das Grundstück in verschiedenste Einzelgärten unterteilt. Es entstanden zwei steppenhafte Gartenteile (der Kies- und der Silbergarten), eine als formaler Kreis angelegte Wiesenpartie, diverse Staudenpflanzungen, ein Feucht- und ein Waldgarten. Dabei war es mir von Anfang an wichtig, die Großzügigkeit der Gesamtanlage nicht zu schmälern und eine ausgewogene Dialektik zwischen den Einzelelementen beizubehalten.

Das Gestaltungskonzept für meinen Garten legte ich ebenfalls als Dialog an. Offensichtlich menschengemachte Strukturen, eine meist klar geometrisch gegliederte Flächenaufteilung, füllte ich mit standortgerecht ausgesuchten und betont natürlich anmutenden Pflanzeninhalten. Dadurch entstand ein spannungsgeladener Gartenraum, der sich zu jeder Jahreszeit neu firmiert und unterschiedlichste Atmosphären und Lebensräume für Wildtiere hervorbringt.

Und obwohl ich von Anfang an auf ein Höchstmaß an Biodiversität in der Pflanzenverwendung setzte, diese auch mein Ziel von ökologisch sinnvollem Gärtnern ermöglicht (mein HORTVS kommt weitestgehend ohne Zusatzbewässerung und gänzlich ohne chemische Pflanzenschutzmaßnahmen aus), veränderte sich das Gesamtbild des Gartens durch die klimatische Verschiebung innerhalb der letzten fünfzehn Jahre eklatant.

Für meinen Mann Michael Frinke, mich, mein Gärtnerteam und all die vielen Besucher aus aller Welt, die wir hier Jahr für Jahr begrüßen dürfen, ist diese offensichtliche Veränderung höchst spannend zu beobachten. Dabei gibt es mitunter schmerzliche

Momente, wenn ich beispielsweise eingestehen muss, dass eine bestimmte Pflanzenart unter den nun vorherrschenden Bedingungen einfach nicht mehr zu kultivieren ist und diese dann folgerichtig den HORTVS verlassen muss. Noch können wir aus dem Vollen schöpfen, denn mein Garten ist Heimat von über viereinhalbtausend unterschiedlichen Gewächsen. Wer wird bleiben, wer muss gehen – und wie wirkt sich das auf die Gestaltung und auf die Ästhetik von Gärten aus?

Sicherlich werden wir auch in Zukunft noch viele neue Erkenntnisse sammeln können, doch bereits jetzt beweist meine Herangehensweise des inhaltlich logischen, ökologisch wertvollen, zukunftsorientierten und dabei schwelgerisch schönen Gartens, dass es hinlängliche, einfach zu realisierende Wege gibt, unsere Gartenkultur in die Zukunft zu tragen.

An den Erfahrungen und Erkenntnissen meiner nun fast dreißigjährigen Tätigkeit als Gärtner möchte ich Sie mit diesem Buch teilhaben lassen und lade Sie auf eine Reise durch die Jahreszeiten in meinem HORTVS ein, von Jürgen Becker meisterlich in Szene gesetzt und mit vielen praktischen Hinweisen.

INHALT

FRÜHLING / **MÄRZ**

MÄRZ

Die Blüten der frühblühenden Stern-Magnolie (*Magnolia stellata*) sind etwas frosthärter als die der Garten-Magnolie.

Im März erhöht sich fühlbar der Blutdruck des Gartens. Knospen, Triebe und Wachstum – wo man hinschaut. Doch noch befinden wir uns im Vorfrühling, und am Anfang dieses Monats sind die Wetterbedingungen für Pflanzen und Gärtner gelinde gesagt ambitioniert. Die Witterung entspricht, wie so oft bei uns, eher einem sehr kalten April – stürmische Böen treiben ein nicht enden wollendes Hin und Her aus eiskalten Regengüssen und wolkenzerfetzten Sonnenstrahlen vor sich hin. Der Sturm putzt die hohen Bäume im HORTVS und überall liegen abgestorbene Zweige. Da unsere Staudengärtnerei nach ihrer Winterpause traditionell am ersten oder zweiten Märzwochenende im Zuge unserer *Helleborus*-Tage öffnet und dann auch wieder Besucher durch den HORTVS streifen werden, arbeiten wir in den ersten Märztagen unter Volldampf. Noch eine Woche, bis die ersten Besucher strömen werden. Und obwohl uns in dieser Woche die Tage immer viel zu kurz erscheinen, beglückt dann das Ergebnis all unseres Tuns einmal wieder in höchstem Maße. Endlich wieder Pflanzen auf den Verkaufstischen der Gärtnerei, und jeder Winkel des Gartens zeigt sich von seiner besten Vorfrühlingsseite. Ich finde sogar noch Zeit für eine Bestandsaufnahme: Trotz der ungewöhnlich warmen Tage im Februar kleiden noch immer weiße Blütenwogen von *Galanthus* den HORTVS aus. Nun stehen sie bereits unter den Blütenschirmen früher Magnolien-Arten und -Sorten. Stern-Magnolien (*Magnolia stellata*) und ihre Hybriden (*Magnolia* × *loebneri*) lieben die sauer-humosen Bedingungen in meinem Waldgarten derart, dass ihr verblüffend rasches Wachstum und die üppige Blütenfülle selbst Gehölzexperten immer wieder erstaunt. In den letzten Jahren kam es zu einer offensichtlichen Verschiebung der Magnolienblütezeiten, sodass nun die klassische, sonst später blühende, Garten-Magnolie (*Magnolia* × *soulangiana*) bereits in den Stern-Magnolien-Chor mit einstimmt. Viele andere Arten und Sorten werden ihnen folgen.

Die klassische Garten-Magnolie (*Magnolia × soulangiana*) blüht mittlerweile deutlich früher als noch vor einem Jahrzehnt. Leider erhöht dies die Gefahr erfrorener Blüten durch Spätfröste.

Lässt man Lenzrosen (*Helleborus × hybridus*) an einem geeigneten Gartenort, etwa unter laubabwerfenden Gehölzen, sich versamen, entsteht mit den Jahren ein bunter Frühlingsteppich. Zwischen den kräftigen Lenzrosen kann sich die wüchsige Schneeglöckchen-Sorte 'S. Arnott' behaupten.

Galanthus 'S. Arnott' und verschiedene Krokus-Sorten fühlen sich im lichten Gras unter unseren Scheinkamelien (*Stewartia sinensis*) sichtlich wohl.

Auch im Bereich der Stauden hat spätestens jetzt das große Gerangel begonnen. Besonders die Wald- und Waldsaumstauden nutzen die jetzt noch ausreichend zur Verfügung stehende Feuchtigkeit und das üppige Lichtangebot des frühen Frühjahrs, um ihren Blüh- und Fruchtzyklus voranzutreiben. Schon bald werden die über ihnen stehenden Gehölze durch ihren Blattaustrieb die darunterliegenden Bodenflächen zunehmend beschatten und Niederschläge von einer tiefgründigen Bodendurchfeuchtung abhalten. Dann ziehen sich viele Waldstauden in den Boden zurück, um bis zum nächsten Frühling unterirdisch auszuharren. Doch so früh im Jahr herrscht noch ein herrliches Staudengedrängel am Waldboden! Frühe Primeln (*Primula vulgaris* ssp. *sibthorpii*, *Primula elatior*), Lerchensporne (*Corydalis*), Scharbockskräuter (*Ficaria verna*), Buschwindröschen (*Anemone nemorosa*, *A. blanda* und *A. flaccida*), Lungenkräuter (*Pulmonaria*), Waldlilien (*Trillium*), Hundszähne (*Erythronium*) und, und, und. Dazwischen überall weitere Zwiebelgewächse – wunderbar!

Doch für eine ganz besondere Staude scheint all das üppige Blühen von Frühjahrsblümelein nur gebührendes Beiwerk zu sein: für die Lenzrose (*Helleborus* × *hybridus*, ihre Wildformen und ihre nahen Verwandten).

Über meine Liebe zur Gattung *Helleborus* und die große Ehre und Aufgabe, das züchterische Erbe von Helen Ballard („The Queen of Hellebores") fortzuführen, habe ich bereits in vielen Publikationen geschrieben. In den letzten Jahren habe ich mich zudem immer mehr mit den schier unendlichen Kombinationsmöglichkeiten von *Helleborus* im Frühlingsgarten auseinandergesetzt. Auf der nächsten Doppelseite folgen einige Vergesellschaftungen aus dem HORTVS, die mir in diesem Jahr besonders gut gefielen.

HELLEBORUS-PARTNERPFLANZEN

Für grün-blütige

Ophiopogon planiscapus 'Nigrescens' (Bild rechts), *Cornus alba* 'Kesselringii', *Salix irrorata, Heuchera* 'Obsidian', *Pulmonaria saccharata* 'Opal', *Scilla mischtschenkoana, Iris* 'Katherine Hodgkin', *Anemone blanda* 'Blue Shades', *Carex oshimensis, Galanthus* (grünblütig), *Anemone nemorosa, Polypodium*-Arten und -Sorten

Für schwarz-blütige

Cyclamen coum Pewter Group (Bild rechts), *Lonicera nitida* 'Edmée Gold', *Cornus sericea* 'Flaviramea', *Salix gracilistyla* 'Melanostachys', *Helleborus foetidus, Fritillaria raddeana, Colchicum speciosum* 'Album' (Laub), *Allium ursinum, Galanthus worronowii, Narcissus* 'Englander', *Fritillaria pallidiflora, Lamiastrum* (graulaubige Sorten), *Narcissus cyclamineus*, Moos, *Erythronium*-Arten und -Sorten

Für weiß-blütige

Crocus chrysanthus 'Ard Schenk' (Bild rechts), *Viburnum × bodnantense* 'Deben', *Abeliophyllum distichum, Carex conica* 'Snowline', *Cardamine heptaphylla, Cyclamen coum* 'White Cloud' Strain, *Cyclamen coum* f. *albissimum, Hepatica transsilvanica* 'Alba', *Epimedium stellulatum* 'Yukiko', *Pachyphragma macrophyllum, Lamiastrum maculatum* 'White Nancy'

Für rot- und rosablütige

Rhus typhina (Bild rechts), *Cornus alba*, *Acer palmatum* 'Sangokaku', *Rubus thibetanus* 'Silver Fern'*, *Carex oshimensis* 'Everest', *Paeonia daurica* (Austrieb), *Ipheion uniflorum* 'Charlotte Bishop', *Corydalis solida* 'Beth Evans', *Arum italicum* 'Pictum', *Epimedium × versicolor* 'Cherry Tart', *Pulmonaria* 'Reginald Kaye', *Heuchera* (rotlaubige Sorten)

Für apricotblütige

Acer griseum (Bild rechts), *Rubus coreanus* 'Dart's Mahogany', *Salix chaenomeloides* 'Mount Aso', *Salix alba* var. *vitellina* 'Yelverton', *Ophiopogon planiscapus* 'Nigrescens', *Carex plantaginea*, *Corydalis temulifolia* 'Chocolate Stars', *Epimedium sagittatum* 'Warlord', *Paeonia mlokosewitschii*, *Ipheion uniflorum*, *Muscari latifolium* 'Grape Ice', *Viola odorata* (zartblaue Sorten), *Myosotis sylvatica*

Für gelbblütige

Edgeworthia chrysantha (Bild rechts), *Styphnolobium japonicum* 'Winter Gold', *Daphne odora* 'Marianni', *Carex oshimensis* 'Everillo', *Milium effusum* 'Aureum', *Cardamine trifolia*, *Asplenium scolopendrium**, *Ficaria verna* in gelb- und weißblühenden Sorten (dunkel- und grünlaubig), *Leucojum vernum* var. *carpaticum*, *Fritillaria imperialis* 'Lutea Maxima'*, *Narcissus pallidiflorus*, *Aquilegia vulgaris* 'Aurea', *Heuchera* 'Little Cuties Blondie'

* *Fritillaria imperialis* 'Lutea Maxima' S. 42 *Rubus thibetanus* 'Silver Fern' S. 264 *Asplenium scolopendrium* S. 292

Diese bescheidene Aufstellung möglicher Kombinationen mit der Gattung *Helleborus* kann natürlich nur ausschnitthaft sein. Unendlich groß scheint das Kombinationsspektrum mit der „Königin der Vorfrühlingsstauden". Und manchmal muss man auch bei dieser Gattung ganz neu denken und ausgetretene Pfade verlassen. So beobachte ich nun schon seit vielen Jahren die unfassbare Konkurrenzfähigkeit und Zähigkeit der Korsischen Nieswurz (*Helleborus argutifolius**). Diese „Stamm"-bildende (caulescente) Art ist auf den Mittelmeerinseln, maßgeblich auf Korsika, beheimatet. Die Kölner Pflanzenkennerin und Vorbesitzerin der berühmten Ballard-Sammlung Gisela Schmiemann (1942–2013) ließ kein Gespräch über *Helleborus argutifolius* verstreichen, ohne mich dringlich darauf hinzuweisen, dass es sich hierbei um eine wahre „Männerpflanze" handle. Was meinte sie wohl damit? Kaufen eher Männer als Frauen dieses stolze, grünblühende Gewächs? Sollte es eine sprachliche Diskussion über deutsch „die Nieswurz" und lateinisch „der Helleborus" werden? Ich konnte es in all unseren vielen Gesprächen nicht wirklich herausfinden. Tatsache ist: Diese Wildart ist unglaublich stark. Ihre leuchtend grünen Blüten passen besonders gut zu Blau, darum muss sie seit vielen Jahren in meinem Garten dem nahezu unfairen Konkurrenzdruck des Raulings (*Trachystemon orientalis*, der selbst Giersch in die Knie zwingt) trotzen. Selbst die hoffnungslos kargen und gemein heißen Lebensbedingungen in unserem Kiesgarten meistert die Mittelmeerbewohnerin mühelos. Seine Zähheit hat dieser *Helleborus* an seine Hybride mit der Balearen-Nieswurz (*Helleborus lividus*) vererbt. Diese rötliche, nur wenig zartere Hybride heißt *Helleborus* × *sternii* und passt wunderbar zu Bergenien. Alle komplexeren Kreuzungen mit *Helleborus argutifolius**, die später folgten, wie etwa *Helleborus* × *nigercors*, *H.* × *ballardiae* und neuerdings *Helleborus* × *glandorfensis*, *H.* × *iburgensis* etc., sind – so hübsch sie auch sein mögen – deutlich weniger stark und vor allem weit weniger ausdauernd.

Helleborus argutifolius

Pulsatilla vulgaris 'Röde Klokke'

* *Helleborus argutifolius* auch S. 297

Selbst im sonnig-trockenen Kiesgarten gedeiht die Korsische Nieswurz (*Helleborus argutifolius*) hervorragend; im Hochsommer wird sie durch hohe Gräser leicht beschattet.

In den natürlich trockenen Bereichen des HORTVS', also im Silber- und im Kiesgarten, ist die weithin leuchtende Blütenwirkung dieser Nieswurzvarianten besonders strahlend. Küchenschellen (*Pulsatilla*) und einige frühe Wildtulpen (*Tulipa turkestanica*, *T. chrysantha* und die leuchtend rote *T. kaufmanniana*) begleiten sie mit ihren eindeutigeren Blütenfarben. Auf Krokusse muss ich in diesen mausgeplagten Gartenbereichen schweren Herzens wohl auch weiterhin verzichten (Feld-, Wald- und Wühlmäuse scheinen Krokusse den ebenfalls beliebten Tulpenzwiebeln sogar noch vorzuziehen). Ich tröste mich, denn in einem Kiesgarten, der mit sonnenhungrigen Stauden gefüllt ist, startet das (Blüten-)Frühjahr nun einmal deutlich später als im Waldgarten. Alle hier lebenden Stauden und Gräser haben noch eine ganze Sommer- und Herbstsaison in vollem Licht vor sich und brauchen sich im Gegensatz zu ihren Waldverwandten nicht zu eilen. Wieder einmal fällt die aus unterschiedlichen Lebensbedingungen resultierende Heterogenität des HORTVS' so herrlich ins Auge.

Bis Mitte März ist der Kiesgarten im HORTVS quasi reine Struktur. Kieswege umspülen steppenhafte Pflanzinseln mit graugünen und lohfarbenen Staudentexturen. Trockenheitsresistente Gehölze und einige wenige Formschnitte geben Halt im reduzierten Gartenbild. Schon oft habe ich gedacht, dass ich meinen Kiesgarten vor der eigentlichen Blütensaison besonders liebe. Welch ein Kontrast zur jetzigen Petit-Fleur-Üppigkeit im Waldgarten!

Doch so schwer es auch fällt, spätestens in der letzten Märzhälfte müssen nun auch hier alle oberirdisch verbliebenen Stauden- und Gräserstrukturen weichen, um neuem Wachstum Platz zu schaffen. Ab dem fünfzehnten März schärfen wir also auch hier die Scheren, schwingen die Sicheln und werfen den Häcksler an.

Dabei gehen wir systematisch nach Pflanzengruppen vor – alles, was nun ganz dringend geschnitten werden muss, ist zuerst an der Reihe. Frühblühende, weichlaubige, immergrüne Gräser und Seggen beispielsweise, die wir etwa handbreit über dem Boden kappen. Hierzu zählen *Carex alba*, *Sesleria heufleriana* und *Koeleria glauca*. Doch Vorsicht ist geboten, denn in besonders milden Jahren treiben diese Gräser bereits deutlich früher aus; dann schneiden wir mitunter schon im Februar. Auch wenn man Gräsergruppen oder -flächen mit sehr frühen Zwiebelgewächsen kombiniert hat, ist auf den individuell aufs

Raum für neues Wachstum: der Kiesgarten nach dem Frühlingsrückschnitt

Jahr abgestimmten Austriebzeitpunkt der Zwiebel- und Knollengewächse zu achten!

Sich von den Winterüberbleibseln von *Oenothera lindheimeri** (syn. *Gaura lindheimeri*) zu trennen, fällt nicht schwer, denn die abgestorbenen oberirdischen Triebe sind relativ unspektakulär. Trotzdem schneide ich dieses graubraune Staudengewölle erst jetzt zurück, da es einen effektiven Winterschutz für die bereits sichtbaren eigenen Neutriebe und für dazwischengepflanzte Geophyten (bei uns *Fritillaria persica* 'Adiyaman' und *Allium* 'Summer Drummer'*) darstellt.

Über die Jahre habe ich gelernt, dass es auch bei den verholzenden Stauden und im Gehölzbereich einige Pflanzen gibt, für die es, obwohl sie den ganzen Winter über wunderbar aussahen, deutlich besser ist, sie konsequent jedes Frühjahr zurückzuschneiden. Die Performance von Honigstrauch (*Melianthus major*), Vietnamesischer Brombeere (*Rubus lineatus*) oder Losbaum (*Clerodendrum bungei*) ist nach einem bodennahen Radikalschnitt später einfach deutlich prächtiger. Dabei fällt mir ein, dass natürlich auch jetzt alle Copicing-Gehölze (*Cornus*, *Salix*, *Paulownia*, *Hydrangea paniculata* und Co.) geschnitten werden müssen. Gut, also Ärmel hochgekrempelt, um nun den großen Frühjahrsputz zu starten!

Hat man sich einmal so richtig warm gearbeitet, ist es nun nur richtig und gut in einen wahren Frühjahrsputz-Rausch zu verfallen. Doch Obacht! Mitte März fängt das große Brüten an, und im Vorfeld jeder Schnittmaßnahme ist eine penible Kontrolle der jeweiligen Schnittbereiche vonnöten, um die Vogelwelt bloß nicht zu stören! Sollten die zu beschneidenden Gewächse bereits mit brütenden Wildtieren belegt sein, muss die Schnittmaßnahme in diesem Frühjahr ausfallen. Generell kann man jetzt überall emsiges Tierleben beobachten – unsere Fledermäuse und Sandbienen sind schon sehr rege, und in den Teichen schwimmt bereits der Froschlaich.

Nach dem Rückschnitt der letzten Stauden und Gräser, wenn alles gehäckselt ist, das Häckselgut in den hinteren Beetflächen verteilt ist und alle Weg-, Kies- und Rasenflächen gerecht und gefegt sind, sieht der Garten für kurze Zeit ungewohnt nackt aus. Das währt zum Glück nicht lange, denn die wachstumsreichsten Monate stehen schließlich erst vor der Tür.

Links: Jedes Jahr fällt es mir schwer, die attraktiven Samenstände und Gräserhalme im zeitigen Frühjahr herunterzuschneiden. Doch was Anfang März noch so wunderbar aussieht, wird schon bald neues Wachstum bedrängen.

* *Allium* 'Summer Drummer' S. 88 *Oenothera lindheimeri* S. 88, 171

PRAXIS / PFLEGEMASSNAHMEN IM MÄRZ

*Miscanthus × giganteus** schneiden wir im März fast bodennah zurück.

Halbimmergrüne Gräser dürfen nicht ganz bis zum Boden geschnitten werden.

Die gehäckselten Gräserrückschnitte dienen als schützende Mulchdecke.

Im März schneide ich alle bis dato verbliebenen nicht-immergrünen Sommerstauden und Gräser bis zum jeweiligen Vegetationsansatz zurück. Art und Sorte bestimmen die Schnitthöhe.

Gehäckseltes Schnittgut von Stauden- und Gräserrückschnitten wird im März auf die unkrautfreien Beetbereiche zwischen Stauden und Gehölzen aufgebracht. Je nach Bodentyp ist eine vorherige Düngung mit organischen Düngern angebracht, um einer kurzfristigen Stickstoff-blockade zuvorzukommen.

Bei Bedarf ist im März, vor dem großen Austrieb der meisten Stauden, die Aufbringung von Kompost als Mulchschicht mühelos.

Sobald längere Frostphasen auszuschließen sind, ist der März der wohl beste Monat zur Teilung frostharter (Stauden und) Gräser (gut winterharte Blütenstauden teile ich lieber im Herbst).

Nach der Blüte teile ich alle frohwüchsigen Schneeglöckchen- und Narzissen-Kultivare zur Vermehrung; erlesene Sammlersorten teile ich erst, wenn sie ihr Laub völlig eingezogen haben.

Wer frühe und immergrüne Unkräuter, wie Behaartes Schaumkraut (*Cardamine hirsuta*), Ruprechtskraut (*Geranium robertianum*) oder Kriechenden Hahnenfuß (*Ranunculus repens*), in den Beeten bereits im März penibel jätet, profitiert die ganze folgende Gartensaison davon (in Randbereichen dürfen sie natürlich stehen bleiben). Nun ist auch die Unkrautkontrolle inmitten von Stauden- und Gräserhorsten spielend leicht möglich.

Bei früh blattverlierenden Geophyten, wie bei etlichen *Allium* oder *Eremurus*, fördert eine zeitige Märzdüngung mit organischem Flüssig-dünger die Blütenbildung im folgenden Jahr.

* *Miscanthus × giganteus* auch S. 247

Wenn nicht bereits im Februar geschehen, schneide ich spätestens im März alle immergrünen Farne und Elfenblumen (*Epimedium**), aber auch die Elfenglocken (*Disporum* und *Disporopsis*), bis zum Boden herunter, um Platz für den Neuaustrieb zu schaffen. Größere *Epimedium*-Flächen und Bestände von mattenartig wachsenden Farnen (*Onoclea sensibilis**) können zeitsparend mit Motorheckenscheren, Freischneidern oder gar mit dem Rasenmäher heruntergenommen werden.

Für die Gattung *Helleborus* ist der März die beste Pflanzzeit. Bei älteren Exemplaren im Garten können ab Ende des Monats die reifen Samenstände inklusive des gesamten Blütenstiels (so tief wie möglich) entfernt werden, um einer eventuell unerwünschten Selbstaussaat vorzubeugen.

Sommerblühende Clematis werden im Spätherbst oder spätestens bis Anfang März zurückgeschnitten und mit Nährstoffen versorgt. Hierbei gilt als Faustregel: Frühlingsblüher (wie *Clematis montana*) werden gar nicht oder nur alle Jubeljahre zur Verjüngung direkt nach der Blüte geschnitten, Frühsommerblüher (wie großblumige *Clematis*-Hybriden) sollten jährlich auf etwa Kniehöhe geschnitten werden – wobei ich einige Triebe auch bis zum Boden (1. Augenpaar) herunternehme – und Hoch- bis Spätsommerblüher (wie *Clematis viticella*) schneide ich, je nach gewünschter Endhöhe, von bodennah bis hüfthoch.

Frühzeitig ausgebrachtes biologisches Schneckenkorn oder Nematoden gegen Mollusken verhindern lang anhaltende Blattschäden und effektiv ein stetes Ansteigen der Molluskenpopulation.

Schnitt von Gehölzen, die wie Stauden behandelt werden: beispielsweise *Cornus sanguinea*, *Cornus alba*, *Cornus stolonifera*, *Rubus thibetanus*, *Rubus cockburnianus* und alle anderen Copice-Kandidaten.

Immergrüne Farne sollten vor dem Neuaustrieb geschnitten werden, so spät im Jahr ist es mühselig.

Den Märzrückschnitt häckseln wir an Ort und Stelle, um ihn direkt wieder im Beet auszubringen.

Bleibt keine Zeit zum Häckseln, wird das Schnittgut seitlich gelagert und später verarbeitet.

* *Epimedium* S. 93 *Onoclea sensibilis* S. 200

Rückschnitt/Ausputzen von Stauden, die in sehr milden Wintern immergrün geblieben sind, wie *Pseudofumaria alba*, *P. lutea*, *Stokesia laevis*, manche *Artemisia*, *Claytonia* oder *Sisyrinchium*.

Bergenien sehen im März oft etwas gerupft aus. Ein sanftes Ausputzen vor der Blüte verbessert das Gartenbild.

Je nach Jahr ist auch im März noch (in kalten Jahren sogar bis in den April) die Winterschutzabdeckung von empfindlichen Stauden, wie *Bergenia cyanea*, *Kniphofia*, *Melianthus*, früh austreibenden *Arisaema* oder strauchigen *Phlomis*, vonnöten. Regelmäßige Kontrolle und Lüftung verhindert nun Fäulnis und schwächliche Frühtriebe.

Schnitt sommerblühender Blütengehölze im Staudenbeet, die am diesjährigen Holz blühen, beispielsweise *Hydrangea paniculata*, *Buddleja davidii* oder *Vitex agnus-castus*.

Sind (nach etlichen Jahren) schlingende Geißblätter (*Lonicera*) außer Rand und Band geraten oder hoffnungslos verfilzt, kann man sie Anfang März auf einen bis anderthalb Meter radikal kappen, dann die ältesten der eingekürzten Triebe komplett entfernen, die verbliebenen Triebe zu zweit oder dritt bündeln und diese Bündel gezielt neu leiten. Dies verjüngt die duftenden und insektenfreundlichen Rankpflanzen enorm – man wird jedoch im Jahr des Schnittes kaum Blüten erwarten dürfen.

In trockenen Jahren müssen bereits ab März Topf- und Kübelpflanzen sowie neuerlich gepflanzte Gewächse im Garten durchdringend gewässert werden.

Im März fotografiere ich alle Gartenbereiche, in denen ich gerne mit Zwiebel- und Knollenpflanzen gestalte. Diese Standortfotos sind dann im Herbst (zur Pflanzzeit) unglaublich hilfreich in Bezug auf Neu- und Ergänzungspflanzungen.

Salix gracilistyla 'Melanostachys' begeistert mich im März mit ihren schwarzen Kätzchen.

FRÜHLING / APRIL

APRIL

Silber- und Bronzegarten von oben betrachtet: Im April wird der HORTVS in den meisten Bereichen noch von klar ersichtlicher Formalität geprägt. Später im Jahr wird die Geometrie durch üppiges Pflanzenwachstum aufgeweicht.

Zum Monat April schrieb meine Mentorin und Freundin Beth Chatto (1923–2018): „Dies ist der Monat, in dem kein Gartenbesitzer auch nur einen einzigen Tag verpassen darf.“ Genauso ist es. Kleidete der März den HORTVS bereits in zartbestickte Pflanzengewebe, so breitet der April überall kostbare Tapisserien aus. Da das Höhen- und Breitenwachstum von späterblühenden Stauden und Gräsern dabei noch verhalten ist, dominiert im April weiterhin eine klar sichtbare Formalität meine Gestaltungen – nur eben deutlich farbiger und saftiger als in den Vormonaten. Ganz im Gegensatz zu den Gartengestaltungsansätzen von Beth Chatto setze ich im HORTVS explizit auf Geometrische, also offensichtlich menschengemachte Formen: die konzentrischen Kreise des Silbergartens, die schnurgeraden Achsen und Vistas, die Wiederholung der Kreisformen im Wiesengarten und in der großen Kreisborder und selbst ein schnurgerader, axial rhythmisch durch Säulen-Eiben (*Taxus baccata* ‘Fastigiata Aurea’) betonter Waldweg. In Kombination mit den konsequent naturhaften, wilden Bepflanzungen der Beetflächen entsteht ein stimmiger Spannungsbogen zwischen menschlicher Kreativität und frei wachsender Natur. Dieses Prinzip funktioniert zudem rund ums Jahr, ohne dabei starr und gekünstelt auszusehen. Sind die Staudenflächen im April maximal kniehoch ausgekleidet, wird im weiteren Verlauf der Wachstumssaison die HORTVS-Geometrie durch luxuriöses Pflanzenwachstum immer mehr verwischen, um im Herbst dann nahezu gänzlich zu verschwinden. Heute will ich den HORTVS-Spaziergang im Waldgarten beginnen, also entgegengesetzt der „Official Route“.

Am Anfang des Waldgartens ist die weiße Dominanz von *Galanthus*, *Leucojum vernum* und *Corydalis malkensis* dem goldenen Vlies aus Narzissen, gelben Erythronien und all den vielen Goldtönen frisch austreibender

Der echte Märzenbecher (*Leucojum vernum* var. *vagneri*) fühlt sich auf feuchterem Waldboden besonders wohl.

Narzissenblüte im Wiesenkreis: Die reinweiße Sorte 'Thalia' kommt besonders zuverlässig wieder.

Aureaformen von Stauden und Gehölzen gewichen. Und schon bald wird hier leuchtendes Blau von *Brunnera macrophylla*, *Myosotis* und frühen Veilchen ganz andere Effekte hineintuschen. Über der wohl abgestimmten Farbigkeit der schnurgeraden Waldachse öffnen sich nach und nach zartgelbe Magnolien, wobei die elegante *Magnolia* 'Maxine Merrill' für mich die lohnenswerteste Sorte bleibt. Ein solches sich stets veränderndes Kaleidoskop von aufeinanderfolgenden Farbigkeiten lässt sich in jedem Garten realisieren.

Tiefer im Waldgarten verlieren sich nach und nach die Gelbtöne. In diesen jetzt schon recht dunklen Waldteilen brauche ich weiterhin Weiß, das *Pachyphragma macrophyllum* und *Leucojum aestivum* 'Gravetye Giant' bereitwillig zur Verfügung stellen. Purple-, Rosa- und Rottöne streue ich hier nun nur sparsam ins exzentrische Grün der frischen Blätter und Farnwedel ein.

Noch kann man vom Waldgarten bis in den Wiesengarten schauen. Später im Jahr versperren die dem Waldgarten vorgelagerten Borders mit ihren Großstauden bewusst den Durchblick. (Zurzeit bestünde gerade noch die Möglichkeit, weitere *Galanthus*-Horste zu teilen und in die Zwischenräume zu setzen!)

Jetzt im April schweift das Auge des Waldgartenbesuchers mitunter über den großen Teich und die Rasenflächen. Der Blick wird magisch vom radial angeordneten Weiß aus Tausenden von Engels-Narzissen (*Narcissus* 'Thalia'*) im Wiesengarten angezogen. Dazwischen, also im Bildmittelpunkt, touchieren sechs in den Rasen gepflanzte Papier-Birken (*Betula papyrifera*) effektvoll und dimensionsvergrößernd den Blick. Auf dem Weg zum Wiesenkreis weiß ich gar nicht, wohin ich zuerst schauen soll. Habe ich am Teichrand die unfassbar schöne Kombination von *Lysichiton × hortensis**, unterpflanzt mit *Ficaria verna* 'Salmon's White', ausreichend gewürdigt? Oder war doch das subtile Zusammenspiel von purpurn austreibendem Venus-Mädesüß (*Filipendula rubra* 'Venusta'), Hunderten von Schachbrettblumen (*Fritillaria meleagris**, mit gerade der richtigen Frequenz an weißblütigen Varianten) und der exquisiten Wolfsmilch, die mir Beth Chatto einst schenkte (*Euphorbia* 'Excalibur') gerade heute beeindruckender?

Schwankend, wem ich in diesem Augenblick mehr Ehre zollen soll, versuche ich weiterzukommen und bleibe doch wieder jeden Meter stehen (hatte ich bereits das herrliche Purpurmiteinander von *Cardamine glandulígera*, *Ophiopogon planiscapus* 'Nigrescens', *Viola riviniana* 'Purpurea', *Pulmonaria* 'Diana Clare' und *Primula vulgaris* ssp. *sibthorpii* erwähnt?) – nein, man darf wirklich keinen Tag im Aprilgarten verpassen!

Aus dem Wiesengarten kommend, gelange ich in eine andere Welt. Ich betrete den trockenen Planeten unseres Kiesgartens. Und auch hier: jeden Tag neue Bilder. Farbgewaltig treiben nun alle buntlaubigen Gehölze aus und streichen das Rückgrat dieses Sandbankgartens in eine ungewöhnlich saftige Farbigkeit. Meine etwas frühjahrsmüden trockenheitsverträglichen Stauden wollen nun natürlich nicht zurückstehen und lassen sich

* *Narcissus* 'Thalia' S. 30 *Lysichiton × hortensis* S. 43 *Fritillaria meleagris* S. 71

Die leuchtend weißen Stämme von *Betula papyrifera* wiederholen die Farbigkeit von Schneeglöckchen, Magnolien und später von weißen Narzissen.

Nach milden Wintern ähnelt das Frühlingsbild im Aprilgarten bereits einer Maisituation.

Noch kann der Blick aus dem Waldgarten weit schweifen, später im Jahr werden Großstauden einen Vorhang vor die dahinterliegende Szenerie ziehen.

Jährlich zurückgeschnittener Perückenstrauch (*Cotinus*) treibt im April besonders prächtig aus. Die farbgewaltige Sorte 'Grace' gehört zu meinen Favoriten.

nun ebenfalls zu ersten Farbexperimenten hinreißen. Besonders gut gefällt mir derzeit das lang andauernde Miteinander von violettrosafarbenen *Bergenia* 'Rietheim'*, leuchtend dunkelvioletten *Muscari latifolium* und *Euphorbia nicaeensis* in „shocking green"; dahinter komplettiert das graugrüne Laub von *Iris pallida* und *Salvia officinalis* 'Crispa' dieses Bild. Wieder werde ich in den nächsten Gartenteil gelockt, denn die den Silbergarten nun einfassende schwer zu beschreibende Vielfarbigkeit der Zypressen-Wolfsmilch (*Euphorbia cyparissias* 'Fens Ruby') wirkt so schlicht wie grandios zur Patina der neuen Corten-Stahl-Einfassung.

So weit, so wunderbar – doch was ist denn wieder mit dem Wetter los? Die durchschnittliche Niederschlagsmenge für Hilden hat sich in den letzten Jahren nahezu halbiert. Nun denn – Ausnahmejahre – das hat es schließlich immer schon einmal gegeben. Doch auch die davorliegenden Jahre waren messbar trockener als ehedem (mit der Ausnahme 2017). Und nun gibt sich der April nur vordergründig so, wie er nun einmal sein soll: wechselhaft. Das Problem der letzten Jahre, spätestens seit dem Extremjahr 2018, ist: Es „regnet", doch es fällt kein Wasser vom Himmel. Will meinen, dass es trüb und feucht scheint, jedoch nur an extrem wenigen Tagen nennenswerte Niederschlagsmengen fallen (wieder einmal bezogen auf die Region Hilden). Für durchschnittliche Gartenbesitzer sieht alles normal aus, doch wer die Natur zu lesen vermag, sieht anderes. Als Feierabend-Workout graben wir einen weiteren abgestorbenen Abendländischen Lebensbaum (*Thuja occidentalis*) aus, der bereits im Sommer des letzten Jahres aufgrund fehlender Bodenfeuchtigkeit schwächelte. Diese große, seit zwölf Jahren eingewachsene Konifere war standortgerecht gepflanzt und hätte sicherlich mit einer normalen Winterregenversorgung überlebt. Nun ist auch sie tot und muss weichen. Beim Ausgraben des Wurzelstocks stoße ich auf Staub. Nahezu gar keine Feuchtigkeit im Aprilboden.

Der Wetterbericht verspricht täglich aufs Neue „morgen schlechtes Wetter mit Wind und Regenfällen". Wind stimmt, Regen stimmt nicht. Zusammen mit Michael stehe ich nachdenklich vor den sonnigsten Rasenflächen im HORTVS. „Das sieht nicht gut aus", proklamiert er pragmatisch, und ich muss ihm leider zustimmen. Unser übliches, bis dato stets funktionierendes Gärtnerlatein für den Rasen hatte versagt: Nach sommerlicher Trockenheit vor drei Jahren haben wir die entsprechende (nicht künstlich bewässerte) Rasennarbe auf insgesamt etwa fünfhundert Quadratmetern klassisch abgetragen, den Boden gewissenhaft vorbereitet und einen speziellen Trockenrasen fachgerecht verlegt. Dank anfänglicher, jedoch unregelmäßiger Startbewässerung war das Ergebnis im ersten Jahr fantastisch. Drei Jahre später sind wir zurück am Ausgangspunkt. Natürlich weiß ich, dass ich hier „problemlos" sattgrünen Rasen haben könnte – ich müsste lediglich eine Rasenbewässerung einbauen. Aber ich will es nicht. Der HORTVS muss seinen Prinzipien treu bleiben und ressourcenschonend funktionieren, sonst wäre es nicht mein Garten.

* *Bergenia* 'Rietheim' S. 43

Hochsommer mitten im Frühling: Wenn der Rasen im April bereits so aussieht, muss ein neues Konzept her. Stoisches Bewässern darf in meinen Augen keine Lösung sein.

Aber was, wenn der Rasen – ausgerechnet an dieser Stelle – nicht mehr zu halten sein wird? Dann müssen gestalterische Alternativen her. Und ich weiß, dass es diese immer geben wird. Michael nickt (was nur dann vorkommt, wenn er es auch wirklich so meint).

Mitte April, wir waren gerade mit dem Teilen diverser Gräser fertig geworden, bahnt sich ein neuer Wetterwandel an, diesmal aus Norden. Es wird stündlich kälter und die Wetterfrösche prophezeien minus 5 Grad für die nächste Nacht. Ich merke, dass ich weniger panisch reagiere als beispielsweise 2016, als ein vergleichbarer Spätfrost von nur einer Nacht so wie ein Crème-brûlée-Brenner über den HORTVS fegte. Für das Gartenbild war diese Nacht gelinde gesagt tragisch – alle geschädigten Pflanzen haben jedoch überlebt.

Und trotzdem wird es noch ein langer, arbeitsreicher Abend für uns, denn in der

Staudengärtnerei können wir uns keine Frostschäden leisten. Bis zwei Uhr in der Nacht schützen wir alle Freiland-Produktionsflächen und die Verkaufsbereiche mit Gärtnervlies. Die empfindlichsten Gewächse wandern zurück in die Treibhäuser. – Ach, und meine schon stolz austreibenden Mammutblätter (*Gunnera manicata** und *G. tinctoria*) verschwinden im Taschenlampenlicht sicherheitshalber doch wieder unter ihrem Winterschutz. Am nächsten Morgen atme ich auf. Dank einer gnädigen Wolke, die schützend über den HORTVS segelte, fiel die Temperatur lediglich auf plus 0,2 Grad. Nur an exponierten Stellen haben einige Rodgersien- und Wachsglockenblätter im leichten Frost Schaden genommen. Erst einige Tage später zeigen sich auch an so mancher Samt-Hortensie (*Hydrangea aspera*) Blattschäden – zum Glück blieben die Triebspitzen (und somit die Blütenknospenansätze) verschont. Nun heißt es, alles wieder auszupacken und auf Regen zu hoffen. Doch wieder wollen die dichten Wolken, die der starke Westwind vorantreibt, keinen einzigen Tropfen lassen.

Ostern ist in diesem Jahr sehr spät. Und bis zum Osterfest, Ende April, haben sich die Temperaturen auf sommerliche siebenundzwanzig Grad hochgeschraubt. Am Ostersamstag ist die Frühlingspracht im HORTVS arg verstaubt und wir warten weiterhin auf Regen. Doch anstelle von Regengeprassel ist plötzlich lang anhaltendes Sirenengeheul und Feuerwehralarm zu hören – Teile des Hildener Stadtwaldes haben Feuer gefangen. Auf fünfundzwanzig Hektar brennt das Unterholz – das Wetter beschert uns eine perverse Variante des Osterfeuers.

Aber was bedeuten diese Wetteranomalien für die Zukunft – auch für die Zukunft unserer Gärten? Genau kann das wohl keiner sagen. Fest steht, dass sich unser Klima verändert – und das wohl deutlich schneller, als uns allen bewusst ist. Doch in welcher Form sich diese Veränderungen in der nahen und in der ferneren Zukunft zeigen werden, bleibt noch etwas spekulativ. Sicherlich gibt es viele (diese Welt und das Klima beeinflussende) Faktoren, die vom individuellen Menschen nur sehr schwer oder gar nicht zu beeinflussen sind. Doch immer und zu jeder Zeit können Veränderungen ganz plötzlich und ungeahnt tief in das Leben eines jeden eingreifen. Das zeigt hinlänglich die 2020 weltweit ausgebrochene Covid-19-Pandemie.

Das Thema dieses Buches soll jedoch weiterhin der Garten sein. Aber jeder glückliche Gartenbesitzer (und einige darunter wurden sich erst während des ersten Lockdowns bewusst, welches Glück sie hatten) ist spätestens jetzt zum Handeln aufgefordert! Es gibt kaum andere Lebensbereiche, in denen es einfacher ist, ökologisch verantwortungsvoll zu agieren als im eigenen Garten. Und müden Ausreden, weshalb einige auch weiterhin konventionell weitergärtnern wollen („Ich will aber Hortensien."), kann ich nur mit Kopfschütteln begegnen. Denn sinnvollere Pflegemethoden anzuwenden und neue, robustere Pflanzen auszuprobieren, ist immer spannend.

* *Gunnera manicata* S. 43

Fritillaria imperialis 'Lutea Maxima'

Gunnera manicata

Salvia officinalis 'Crispa'

*Euphorbia myrsinites**

Bergenia 'Rietheim'

Lysichiton × hortensis

Bergenia cyanea

* *Euphorbia myrsinites* auch S. 161

PRAXIS / PLASTIKVERMEIDUNG IM GARTEN

Gartenwerkzeuge und Hilfsmaterialien (wie Anbindegarn, Federbesen und Co.) wurden jahrhundertelang aus natürlichen Werkstoffen hergestellt. Heutige Alternativen aus Plastik sind oftmals nicht billiger, halten dafür jedoch auch nicht (Werkzeug) länger oder bleiben unliebsam bestehen (die Rinde von Gehölzen einschneidendes Anbindematerial). Zudem haben solche Materialien meist sehr lange Transportwege von ihrer Fertigungsstätte bis zum Endverbraucher hinter sich bringen müssen und sehen immer hässlich aus.

Bewässerungssysteme: Im Privatgarten sind bei hervorragender Pflanzenauswahl und reichlicher Mulchauflage künstliche (Plastik-) Bewässerungssysteme völlig unnötig.

Plastikfolien, Kunstoffvliese und Co. sind im Garten Nonsens. Sie werden den gewünschten Unkrautunterdrückungseffekt sicher nicht leisten können.

Maulwurfschutzgewebe: Ja, Maulwürfe im Rasen sind mehr als nervtötend, doch wer jemals versucht hat, einen eingebauten „Maulwurfsschutz" wieder loszuwerden, also das Plastikgewebe von Erdreich und Graswurzeln zu separieren, weiß, welch einen Irrsinn diese neuere Methode darstellt – diese ein weiteres Wildtier zum Aussterben bringende, Sondermüll produzierende „Idee" darf kein Gartenbesitzer in Erwägung ziehen.

Gartenziertöpfe aus Plastik sind zwar leichter als ihre keramischen Verwandten, doch wer sich das schwere Geschleppe ersparen will, pflanzt zuverlässig winterharte Gewächse in zuverlässig frostfeste Töpfe und lässt das ganze einfach draußen stehen (sieht deutlich besser aus).

Gartenmöbel und Gartenzierrat gab es immer schon besonders schön aus natürlichen Materialien; warum also wechseln? Lieber stilbewusst und hochwertig kaufen (selbst auf dem Flohmarkt) und sich ein Leben lang daran erfreuen.

Gartengeräte, wie etwa den Rasenmäher, reparieren (lassen), anstelle sie neu zu kaufen. Seien Sie sich bewusst, dass auch bei namhaften Herstellern die Nachfolgemodelle heute oftmals nicht besser sind!

Gartengeräte, die man selten braucht, ausleihen (etwa den Vertikutierer).

Substrate nicht in Plastiksäcken kaufen (besser Komposthaufen oder Zukauf als lose Ware).

Plastiksäcke von Hornspänen und Co. lassen sich wiederverwenden.

Im Hausgarten kann man auf Plastiketiketten komplett verzichten; wer seine Pflanzen bezeichnen will (und dazu rate ich!), kann deren Standorte einfach in einen Plan oder eine Datei eintragen.

Austrieb von *Osmunda regalis* 'Purpurascens'

PRAXIS / ÖKOLOGISCH SENSIBLES GÄRTNERN

FOLGENDE PUNKTE KANN JEDER GARTENBESITZER SOFORT UND MÜHELOS UMSETZEN

Biodiversität erhöhen – also zur Optimierung des Nahrungs- und Behausungsangebotes für Vögel, Insekten und Co. die pflanzliche Artenvielfalt erhöhen.

Pflanzen immer strikt gemäß ihrer jeweiligen Standortansprüche einsetzen.

Gartenpflanzen nur in verantwortungsvollen Gärtnereifachbetrieben kaufen.

Auf chemische Pflanzenschutzmittel komplett verzichten – falls überhaupt nötig, wirken die biologischen Alternativen nämlich doch, und selbst biologische Fertigprodukte sind heutzutage genauso wirksam wie Chemie.

Nur wenn wirklich nötig, und dann ausschließlich organisch, düngen.

Nur wenn wirklich nötig, und dann weniger oft, aber dafür reichhaltig wässern.

Gartenästhetik neu definieren: Abgestorbene Pflanzenanteile können und sollen aktiv in die Gartenästhetik einbezogen werden – das sieht gut aus und begünstigt natürliche Prozesse und Wechselwirkungen.

Möglichst viel des im Garten anfallenden Schnittgutes (auch den Rasenschnitt) als Mulch, Kompost oder Altholz im Garten belassen.

Regenwasser nutzen.

Niemals offene Bodenpartien zulassen: Jeder Quadratzentimeter des Gartenbodens muss mit Pflanzen (oder Mulchmaterialien) bedeckt sein. Das verhindert Erosion, spart Wasser und erhält ein gesundes Bodenleben.

Nisthilfen für Vögel, Fledermäuse, Eichhörnchen, Siebenschläfer und Insekten zur Verfügung stellen.

Möglichst auf Plastik verzichten (siehe Seite 44).

Meiner Erfahrung nach sind viele der hier aufgeführten Punkte nicht nur ökologisch (und ökonomisch!) sinnvoller, sie reduzieren zudem erheblich den Pflegeaufwand des Gartens. Natürlich kann und muss man nicht jeden Punkt sofort in die Tat umsetzen, aber wenn Sie heute bereits mit einer Maßnahme beginnen, handeln Sie schon jetzt klüger und verantwortungsvoller als gestern. Betrüblicherweise scheint ausgerechnet bei einer zunehmend großen Gruppe von jüngeren Gartenbesitzern dieser Groschen nur sehr langsam bis gar nicht fallen zu wollen. Vielen stolzen Besitzern des ersten Eigenheimes scheinen pseudomoderne Schottergestaltungen mit einer reduzierten Pflanzenauswahl (Achtung: „Design"-Verpflichtung!) und einer smart gesteuerten Pflegetechnik erklärlicher als ein poetisch schöner Außenraum, der auf natürlichen Prinzipien fußt und dem Menschen und der Natur zugewandt ist. Andererseits macht es mich zunehmend glücklich, dass der HORTVS mittlerweile immer häufiger zum Ziel junger Familien wird, die angefangen haben umzudenken.

Altholz wird im Garten sofort von einer Vielzahl von Nützlingen besiedelt und sollte in keinem Garten fehlen!

Vor dem Rückschnitt von Gräsern und Stauden muss man sich vergewissern, ob im Blatthorst keine Nester sind oder sich versteckende Amphibien hausen.

PRAXIS / PFLEGEMASSNAHMEN IM APRIL

Santolina pinnata ssp. neapolitana

*Stipa gigantea**

Gräserhäcksel zur Mulchung im Beet

Der April eignet sich noch immer, um etliche Gräser (und einige Stauden) zu teilen. Je nach Witterung auf ausreichende Wasserversorgung achten! (Noch sind die Regentonnen voll!)

Ältere Bergenienhorste können nach der Blüte durch Rückschnitt bis kurz über dem Boden und/oder Teilung verjüngt werden.

Lavendel und *Santolina* erhalten, falls nötig, im April einen sanften Korrekturschnitt und werden auf tendenziell sauren Böden mit Dolomitkalk versorgt. Überalterte Pflanzen können nun auch durch deutlich stärkeren Rückschnitt plus leichte organische Düngung renoviert werden.

Falls nicht bereits im März geschehen, ist nun der allerspäteste Zeitpunkt für den Schnitt von halbimmergrünen Gräsern, wie *Stipa gigantea** und *Poa labillardieri*, um etwa zwei Drittel.

Winterharte Fuchsien schneide ich, selbst wenn die oberirdischen Zweige den Winter überlebt haben, Anfang April auf zehn bis dreißig Zentimeter über dem Boden zurück.

Erneutes Auskämmen schnittunverträglicher Gräser, wie *Nasella tenuissima** oder neuseeländische Gräser (*Carex*, *Chionochloa*, *Uncinia*).

Immergrüne Seggen schneide ich nach deren (kurzer) Blütezeit. Dieser Pflegeschritt liegt zeitlich von Jahr zu Jahr unterschiedlich. Es gilt den Zeitpunkt nach der Blüte, aber vor dem Blattneuaustrieb abzupassen (April–Mai).

* *Stipa gigantea* auch S. 181 *Nasella tenuissima* S. 217

Der herrliche Ausbreitungsdrang einiger rasant wachsender Stauden, wie *Lysimachia*, *Macleaya* oder ausläufertreibender *Thalictrum*, lässt sich im April durch Ab- bzw. Ausstechen eindämmen, ohne das Gartenbild zu sehr zu schädigen.

Je nach Jahr und Witterung fange ich bereits im April mit dem Verzweigungs-Schnitt (Chelsea Chop) spätblühender Stauden an, etwa bei frühen Asternsorten (siehe Mai).

Das Astgewirr von *Muehlenbeckia complexa* schneide ich nun um etwa ein Drittel mit einer scharfen Handheckenschere herunter, um dichtes Neuwachstum zu garantieren.

Das Laub der Zwiebelpflanzen muss hingegen zwingend bis zum völligen Braunwerden stehen bleiben! Dabei kann man mitunter störendes Zwiebelpflanzenlaub elegant zwischen bereits ausgetriebene Blattschmuckstauden drücken.

Weitere Unkraut- und Sämlingskontrolle.

Pflanzung empfindlicher Stauden, wie *Cynara*, *Lavatera*, *Euphorbia characias* oder *Iris japonica*, nach der Frostperiode (je nach Lage auch erst im Mai). Diese Gewächse können in wintermilden Regionen zwar langfristig draußen bleiben, müssen jedoch unbedingt eine ganze Wachstumssaison eingewurzelt sein, bevor sie ihren ersten deutschen Winter überstehen werden. Dies gilt auch für wärmeliebende Gehölze (beispielsweise *Albizia julibrissin** oder *Quercus ilex*).

Pflanzung sommerblühender Geophyten, wie *Crocosmia*, *Nerine bowdenii**, *Galtonia* oder *Roscoea*, nach der Frostperiode (je nach Lage auch erst im Mai).

Eventuelle Pflanzung von zusätzlichen Sommer- und Herbstblühern (vorkultivierte Einjährige und zu überwinternde Blütenwunder, wie mexikanische Salbei-Arten, Dahlien und Co.).

Dickmaulrüssler-gefährdete Pflanzen (ganz besonders in der Topfkultur) schütze ich ab einer Bodentemperatur von etwa 15 °C (und erneut Ende August) durch das Ausbringen von Nematoden an einem trüben, regnerischen Tag.

Bei verblühten Geophyten können die fruchtenden Blütenstiele bis zum Ansatz herausgeschnitten werden. Dies kann die Blühwilligkeit von Tulpen, Narzissen etc. mitunter beachtlich erhöhen, ist bei sehr großen Beständen und bei einigen Arten und Sorten jedoch wirklich nicht nötig. Einige Geophyten-Fruchtstiele lassen sich ganz einfach herausziehen (beispielsweise von *Hyacinthoides*).

Hyacinthoides non-scripta

* *Albizia julibrissin* S. 90 *Nerine bowdenii* S. 186

FRÜHLING / MAI

MAI

Unsere schönen Maiwiesen locken uns zu einer Arbeitspause.

Anfang Mai weicht oftmals die große Aprilhitze im HORTVS den „Eisheiligen". Kalte Polarluft strömt von Norden ein, was streng genommen sehr normal für die erste Maihälfte ist. Meteorologen bezeichnen kurios wiederkehrende Wetterphänomene als Singularität. Klart der Himmel während diesen kurzfristigen Kaltluftperioden der Eisheiligen in der Nacht auf, kann es zu Bodenfrösten kommen. Solche Phänomene zu beobachten und entsprechend darauf zu reagieren, war zu früheren (kälteren) Zeiten überlebenswichtig, und die Ackerwirtschaft musste sich für eine erfolgreiche Ernte zwingend nach Singularitäten richten. Spätestens seit der zweiten Hälfte des zwanzigsten Jahrhunderts kommt es immer seltener zu nennenswerten Frösten im Mai (bezogen auf das Rheinland). Dies darf jedoch nicht ausschlaggebend für eine Entwicklung im Gartenbau sein, die mich zunehmend verwirrt: Fabrikmäßig produzierende Großgärtnereien bieten Gartenpflanzen und Saisonbepflanzungen immer früher im Jahr an. Will meinen, die in der Natur der Dinge liegende Saison für bestimmte Zierpflanzenarten wird aus nebulösen Absatzgründen immer weiter nach vorne verlegt. Solche unsinnigen Entwicklungen kennt man aus dem Lebensmittelbereich: Spargel und Erdbeeren im Dezember, Äpfel und Birnen im Juni, Spekulatius im August. Aber anders als der Spekulatius, der immer bei den gleichen Temperaturen gebacken wird, benötigen Pflanzen, deren natürliche Verkaufssaison noch nicht gekommen ist, sehr viel Zusatzenergie. Ein solches Angebot lässt sich bei inländischer Produktion nur durch künstlich geschaffene Grundvoraussetzungen realisieren (Beheizung von Treibhäusern, Zusatzbeleuchtung, aufwendigere Verpackung). Oder die Waren müssen über enorm lange Transportwege aus anderen Klimazonen der Welt zu uns gebracht werden. Dem Verbraucher wird dabei oft Normalität vorgegaukelt. Und da diese „Out-of-Season-Produkte" oberflächlich betrachtet nicht einmal teurer erscheinen als das, was gerade tatsächlich Saison hat, scheint eine solche, komplett verquere Rechnung für viele Händler wirtschaftlich aufzugehen. Und selbst das Kaufverhalten in unserer kleinen, immer nach gärtnerischer Logik agierenden Staudengärtnerei hat sich in den letzten Jahren ebenfalls verändert, erstaunlicherweise sogar bei unserem Kundenstamm, der seine Pflanzen schließlich nicht in einem Gartencenter kaufen möchte, sondern auf die Qualität eines kleinen, nach ökologischen Gesichtspunkten produzierenden Fachbetriebes setzt. Und trotzdem: Kauften Kunden vor etwa zehn Jahren zu unseren *Helleborus*-Tagen (Anfang März) noch nahezu ausschließlich Vorfrühlingsgewächse, sind heute eben auch ganz klar Sommerstauden und Herbstgräser gefragt. Gerne befriedigen wir diesen Kundenwunsch und präsentieren den Kaufwilligen dann oberirdisch leere Töpfe – ein sorgsam produzierter Wasserdost (*Eupatorium*) lässt sich nun einmal nicht vor Mitte/Ende April blicken. Das geht mal gut (bei erfahrenen Gartenbesitzern), stiftet beim

Gros der Anfragenden jedoch Verwirrung. Kein Wunder, denn der Internethandel, vor allem aber die großen Discounter, drängen immer mehr mit total verrückten Angeboten auf den Pflanzenmarkt. Entweder muss das überdimensionierte Plastiketikett leisten, was die Pflanze zu diesem Zeitpunkt noch nicht bieten kann, oder die armen Gewächse werden erbarmungslos vorgetrieben – blühende Astilben und Dahlien im April, fruchtende Paprika- und Tomatenpflanzen bereits ab März – was kümmern uns die Eisheiligen und das Klima … Fairerweise muss an dieser Stelle erwähnt werden, dass die Anzahl von Gärtnereikunden, die explizit nach ökologisch sinnvollen und insektenfreundlichen Pflanzen fragen und die sich diesbezüglich eingehend beraten lassen, stetig zunimmt.

Nun denn, Anfang Mai wird es in Hilden erwartungsgemäß kühler. Oft wird es sogar empfindlich kalt, mit Nachttemperaturen zwischen einem und sechs Grad und Tageswerten um circa zehn Grad. Dabei leichte Niederschläge (in den letzten Jahren meist lächerlich wenig: etwa 2 bis 3 mm pro Tag). Unsere Mai-Singularität (die sogenannten Eisheiligen) gleicht oft einer längst überfälligen Temperatur-Notbremse für das HORTVS-Frühlingskarussell. Durch die hohen April-Temperaturen drehte es sich definitiv zu schnell. Frühblühende Wildpfingstrosen (etwa *Paeonia daurica* ssp. *lagodechiana*) blühten am siebenundzwanzigsten April auf, um am zweiten Mai verblüht zu sein. Anderen Frühlingsboten ging es bei den hohen Temperaturen nicht anders. Doch all diejenigen, die ihre Knospen bis dato noch nicht geöffnet hatten (oder die schlichtweg noch kein geeignetes Bestäubungsinsekt gefunden hatten), verharrten nun in der Maikälte. Als ob man einen Zeitrafferfilm plötzlich auf Slowmotion gestellt hätte, entschleunigt sich der HORTVS, und mir bleibt Zeit für wohltuende Betrachtungen.

Zuerst mache ich mich auf eine spannende Pfingstrosen-Erkundungstour. Die Gattung (*Paeonia*) stand bei uns in großer Menge in den Schnittblumenproduktionsbeeten der großelterlichen Gärtnerei – und sagte mir als Gartenpflanze wenig. Denn die üppigen Pomponsorten (maßgeblich Varianten von *Paeonia lactiflora*) waren hauptsächlich zur Schnittblumenproduktion gezüchtet worden. Geerntet wurden sie im Knospenstadium, und was an der Pflanze verblieb und aufblühen durfte, kippte später ohne Stütze sofort um. Auch die Pflege war nicht unaufwendig, und so legte ich diese Gattung für meine Pflanzenplanungen lange Zeit ad acta. Meine persönliche Pfingstrosenwende kam bei einem Besuch der Versuchsbeete im Kölner Max-Planck-Institut für Pflanzenverwendung Anfang der Zweitausenderjahre. Dass es Wildarten von *Paeonia* geben musste, lag auf der Hand, doch ein solch unfassbares Spektrum an ätherisch schönen Pflanzen hätte ich nicht vermutet. Später kam meine Zeit bei Beth Chatto in England – und wieder: Was für herrliche Mai-Gewächse! Verschwenderische Bestände der cremegelb blühenden *Paeonia daurica* ssp. *mlokosewitschii* kombinierte Beth Chatto mit Goldenem Hakonegras (*Hakonechloa macra* 'Aureola') und blaulaubigen Funkien.

Paeonia 'Late Windflower'

Paeonia lactiflora

Paeonia daurica ssp. *mlokosewitschii*

Paeonia ostii

Paeonia tenuifolia

Paeonia ludlowii

Auch die hohe, reinweiß mit goldener Mitte blühende *Paeonia* 'Late Windflower'* (eine Form von *Paeonia emodii*) lernte ich erst in Beths Garten kennen. Ich hatte Paeonienblut geleckt und sollte noch viel mehr entdecken. Noch bevor ich mit der Gestaltung des HORTVS' anfing, besuchte ich erstmals die charaktervolle Gartendesignerin und Pflanzenexpertin Veronica Cross. In England war sie als „Mrs. Snowdrop" bekannt. Es zog mich also eigentlich zur Schneeglöckchenblüte ins malerische Herdfortshire, um ihre spektakuläre *Galanthus*-Sammlung zu bewundern. An einem raureifverzierten Morgen Mitte Februar starteten wir unsere Tour, und nachdem die Sonne herauskam, alle vom Frost darniederliegenden „Snowdrops" sich wieder aufgerichtet hatten, stand da in einem ihrer Beete eine fast blühende Pfingstrose! Meine erstaunten Blicke kommentierte Veronica schlicht mit: „Yes, this one is always early", – es handelte sich um einen extrem früh blühenden Typ der herrlich magentaroten *Paeonia mascula*. Später im Jahr entdeckte ich in ihrem magnolienbestickten Zauberwald voller rätselhafter Pflanzen Paeonienschönheiten wie *Paeonia obovata* 'Alba', *Paeonia ostii** oder *Paeonia tenuifolia**. Veronica war stets sehr generös, und ich erhielt Saatgut. Weitere Paeoniensamen folgten, nachdem ich mit Gisela Schmiemann seltene Strauchpfingstrosen (*Paeonia rockii*) und ebenso ungefüllte *Paeonia lactiflora** gekreuzt hatte. Nun ist der Weg vom Pfingstrosensamenkorn bis zur blühfähigen Pflanze ein langer (im Durchschnitt etwa sieben Jahre), doch dies ist der Quell meiner heutigen Sammlung. Nach all den Jahren haben sich im HORTVS meine wilden Pfingstrosen selbst auf dem eher etwas zu nährstoffarmen Hildener Boden etablieren können, und sie begeistern mich im Gegensatz zu ihrer überzüchteten Verwandtschaft von Frühjahr bis Herbst. Denn obwohl die Blütezeit der „Wilden" deutlich kürzer ausfällt, setzen sie bereits mit ihrem einzigartigen Blattaustrieb, ihrem eleganten Laub, den weithin leuchtenden Früchten und mitunter brillanten Herbstblättern genau jene unplakativen, delikaten Glanzpunkte, die ich in meinen Pflanzkompositionen so sehr schätze.

Anfang Mai gleiten über mir bereits die ersten Schwalben und ganze „Herden" von Ringeltauben (*Columba palumbus*) scheinen auf unseren Rasenflächen zu grasen. Das alljährliche Frühjahrsgezänk zwischen Rabenkrähen (*Corvus corone*) und den beständig über dem HORTVS kreisenden Mäusebussarden (*Buteo buteo*) lässt mich innehalten. Wenn dann in diese höchst akrobatische Flugschau noch ein Graureiher (*Ardea cinerea*) gerät, wird es am Himmel atemberaubend akrobatisch. Doch am Boden ist es zur Zeit mindestens genauso spannend, und mir fallen schon wieder neue HORTVS-Kombinationen ins Auge, die ich auf der nächsten Doppelseite zeige.

* *Paeonia* 'Late Windflower' S. 55 *Paeonia ostii* S. 55 *Paeonia tenuifolia* S. 55 *Paeonia lactiflora* S. 55

Ein Ringeltaubenpärchen beäugt mich bei der Gartenpflege.

MAIKOMBINATIONEN IM WALDGARTEN AN EHER FEUCHTER STELLE

Aus dem dichten, grünen Teppich des Oregon-Sauerklees (*Oxalis oregana*) steigen Tafelblatt (*Astilboides tabularis*) und Tuffs von maronroten *Trillium* auf – im Hintergrund vereinen sich Schildfarne (*Polystichum setiferum* 'Bevis'), Nesselkönig (*Lamium orvala*) und *Geranium phaeum* 'Samobor'* zu einer rahmenbildenden Farbkorrespondenz. Damit es nicht allzu Ton-in-Ton wird, habe ich zartgelbe *Symphytum tuberosum* und blassviolette *Lunaria rediviva* dazwischengestreut.

An feuchteren Stellen fühlt sich die weiße Scheinkalla (*Lysichiton camtschatcensis*) wohl, und sie feiert zusammen mit einer besonders schönen, reinweiß gemusterten Variante des Hakonegrases (*Hakonechloa macra* 'Stripe it Rich') und weißen Etagen-Primeln (*Primula japonica* 'Alba') den Mai. Von oben rieseln dabei bedächtig die weißen Blüten des Schneeglöckchenbaumes (*Halesia carolina* var. *monticola*) herunter.

Das frische Gelbgrün des zwergigen Kalmus (*Acorus gramineus* 'Hakuro-nishiki') brilliert im Zusammenspiel mit den bronzenen Rosttönen des zarten Kupferfarnes (*Dryopteris purpurella*) und dem Neuaustrieb einer kupfertonigen Variante von *Rodgersia aesculifolia* (syn. *Rodgersia purdomii*).

Rodgersia aesculifolia entwickelt ihre volle Pracht nur an feuchteren Gartenorten, die nicht zu heiß werden sollten.

Astilboides tabularis

Geranium phaeum 'Samobor'

Trillium cuneatum

Hakonechloa macra 'Stripe it Rich'

Primula japonica 'Alba'

Dryopteris purpurella

MAIKOMBINATIONEN IM KIESGARTEN AUF EHER TROCKENEM GRUND

Im Mai ist der Kiesgarten vollends erwacht. Überall blühen nun die Bart-Iris: *Iris pallida* ssp. *pallida* strahlt vor den weißen, duftenden und bienenumschwirrten Blütenwolken der Orangenblume (*Choisya* × *dewitteana* 'Aztec Pearl'; das Apfelgrün der noch immer blühenden *Helleborus argutifolius** und die deutlich intensiveren Töne von *Gladiolus communis* ssp. *byzantinus* sowie dunkelblaue Akeleien geben diesem Bild Tiefe und Kontrast.

Aus den reinrosafarbenen Blütenschäumen des ach so zuverlässigen *Thymus longicaulis** schieben sich nun die kurios kupfertonigen Bürstenblüten der Rosenwurz (*Rhodiola heterodonta*) sowie unser metallisch schimmerndes *Hylotelephium* 'Gray Gay' (syn. *Sedum*), *Berberis thunbergii* 'Bagatelle' und die Zarthalmige Segge *Carex secta* bilden hierzu den passenden Rahmen.

Ein Traum in gedeckten Rottönen führt die Kombination des üppigen Edelginsters *Cytisus scoparius* 'Red Wings' mit leuchtend austreibendem *Cotinus* 'Grace'* und *Sorbaria sorbifolia* 'Sem' im Zusammenspiel mit den Blüten von *Iris sambucina* auf. *Bergenia* 'Abendglocken' sorgt für wohltuende Ruhe im Vordergrund und einzelne *Aspodelus albus* wiederholen das Weiß der im Hintergrund leuchtenden Orangenblumen.

Verblüffend ist, dass sich unter diesen harschen Standortbedingungen der dunkellaubige Storchschnabel (*Geranium maculatum* 'Elisabeth Ann') hier hält. In Kombination mit den hier ebenfalls verwunderlichen Akeleien und einigen hartgesottenen Rosen (*Rosa* 'Nevada', *Rosa spinosissima*, *Rosa sweginzowii* 'Macrocarpa') entstehen im Kiesgarten für kurze Zeit fast cottagegartenartige Bilder.

Choisya × *dewitteana* 'Aztec Pearl'

Rosa 'Nevada'

* *Helleborus argutifolius* S. 18, 297 *Thymus longicaulis* S. 161 *Cotinus* 'Grace' S. 38

Farbrausch im Mai-Kiesgarten ganz ohne Blüten. Die Fruchtstände im Vordergrund gehören *Pulsatilla patens*.

Die duftende *Iris pallida* ssp. *pallida* wird vom Reinweiß des blühenden Meerkohls (*Crambe maritima*) und den Duftwolken von *Choisya* × *dewitteana* 'Aztec Pearl' begleitet.

Allium 'Globemaster' zwischen blauvioletten Wolken von *Nepeta* 'Walker's Low'. Das Gelbgrün von *Euphorbia seguieriana* ssp. *niciciana* und burgunderfarbene Witwenblumen (*Knautia macedonica*) verhindern, dass das Bild zu lieblich wird.

Bei meinen Mai-Spaziergängen entdecke ich jetzt in fast allen Gartenbereichen sehr frühe Frühjahrsstauden und Geophyten, die nun visuell langsam die Gartenbühne verlassen wollen. Im Waldgarten werden zurzeit längst verblühte Winterlinge (*Eranthis*), März-violettfarbene Schaumkräuter (*Cardamine quinquefolia**) und die leuchtend grünen Vorfrühlingsteppiche des von mir so geliebten Moschuskrauts (*Adoxa moschatelina*) vergänglich gelb. Auch Buschwindröschen und die vielen frühen Zwiebelgewächse schließen von Mai an langsam im gesamten HORTVS ihren oberirdischen Zyklus für dieses Jahr ab. All diese zeitigen Frühlingsgeophyten sind für eine ausreichende Einlagerung von Energie in ihre Wurzelstöcke, Rhizome, Zwiebeln und Knollen darauf angewiesen, dass sie dies auch bis zum allerletzten Braunwerden ihrer Blätter in Muße tun können. Viele Gartenbesitzer ärgert dabei ihr gelb-braunes Laub im frischen Spätfrühlingsbild. Allen verärgerten Gärtnern (zumindest denen, die zähnezusammenbeißend das Laub fachgerecht bis zum Ende haben stehen lassen) sei nun gesagt: Sie haben falsch kombiniert. Denn ich sehe das vergehende Laub im HORTVS nur bei genauester Betrachtung. Der Grund hierfür ist, dass ich, natürlichen Pflanzengesellschaften folgend, später austreibende Stauden mit den allerersten vergesellschafte. Das heißt, dass dem immer noch grünen Laub der abgeblühten Geophyten bereits Triebe später austreibender Pflanzen folgen und das zunehmend unansehnlich werdende Laub der Ersteren in wohlgekonnter Diskretion

* *Cardamine quinquefolia* S. 260

Eremurus robustus steht erhaben über den üblichen Maigewächsen des Kiesgartens.

überdeckt. Doch wie kann es sein, dass an ein und demselben Gartenort gleichzeitig unterschiedliche Pflanzen für verschiedene Wachstumsperioden stehen? Evolutionär betrachtet ist das Prinzip ganz einfach: Ein für krautige Pflanzen günstiger Siedlungsort kann in der Regel mehrfach belegt werden und wird es auch. Die ersten Gewächse erscheinen im Spätwinter, überlassen später das Feld den hitzig-schnellen Frühsommerblühern, die den Staffelstab dann wiederum an die trägeren (und oftmals sehr genügsamen) Hochsommer- und Herbstpflanzen abgeben. Das funktioniert in der Natur seit Jahrmillionen; im Garten scheint das sonst allgegenwärtige Miteinander von Pflanzen ein bahnbrechendes Novum zu sein und hört seit Kurzem auf den gärtnerischen Fachbegriff „Layering" – also in Lagen zu pflanzen, beziehungsweise zu gestalten. Dabei beziehen sich die unterschiedlichen Lagen (also in welcher Lage sich eine Pflanze „befindet") sowohl auf die unterirdischen als auch auf die oberirdischen Teile der unterschiedlichen Gewächse.

Zum erfolgreichen und über lange Zeit funktionierenden Layering werden also Pflanzen mit gleichen Standort- und Bodenansprüchen kombiniert, die sich aufgrund ihrer zeitversetzten Vegetationszyklen keinen (allzu starken) gegenseitigen Konkurrenzdruck bereiten.

Mehrfachbelegungen ein und desselben Pflanzortes garantieren üppige Gartenszenen und verhindern offene Bodenpartien.

LAYERING-PRINZIP 1

Vergesellschaftung **von** sehr früh im Jahr grünenden und blühenden Frühlingsgewächsen, die bereits im Spätfrühling wieder einziehen (ihre oberirdischen Pflanzenteile abstoßen) **mit** beständigen, spätaustreibenden Stauden:

- Funkien (*Hosta*) plus Schneeglöckchen (*Galanthus*)
- Schaublatt (*Rodgersia*) plus Buschwindröschen (*Anemone nemorosa, A. flaccida*)
- Schildblatt (*Darmera peltata*) plus Märzenbecher (*Leucojum vernum*)
- Straußenfarne (*Mattheuccia*) plus Winterlinge (*Eranthis*)

Wo später große Stauden stehen, blühen im März Schneeglöckchen.

Unter dichten Sommerstauden blühen im Frühjahr zeitige Geophyten.

LAYERING-PRINZIP 2

Vergesellschaftung **von** sehr früh im Jahr grünenden und blühenden Frühlingsgewächsen, die bereits im Spätfrühling wieder einziehen (ihre oberirdischen Pflanzenteile abstoßen) **mit** direkt über ihnen stehenden, spätaustreibenden Gehölzen und Stauden:

- frühe Lerchensporne (*Corydalis solida, C. cava, C. malkensis*) unter Samt-Hortensien (*Hydrangea aspera*)
- alle frühen Geophyten unter Borkenschmuck-Gehölzen, die jährlich geschnitten werden (Copicing)
- Narzissen, *Camassia* oder Tulpen zwischen hohen Gräsern, wie *Miscanthus* oder *Panicum*

Cardamine quinquefolia und *Galanthus* unter Samt-Hortensien im März, rechts die gleiche Situation im Juli

LAYERING-PRINZIP 3

Vergesellschaftung sehr robuster, schattenverträglicher Bodendeckerstauden **mit** direkt über ihnen stehenden, spätaustreibenden Gehölzen und Stauden:

- Schlangenbart (*Ophiopogon*) **unter** nahezu allen höheren Gewächsen
- Elfenblumen (*Epimedium*) **unter** Wildrosen
- Lenzrosen (*Helleborus × hybridus*) **unter** allen laubabwerfenden Gehölzen und Stauden, die nicht auf sehr sauren Boden angewiesen sind
- Maiglöckchen (*Convallaria majalis*) **unter** allen Gehölzen und Stauden, auch wenn der Boden dort im Sommer sehr trocken werden kann

Dichte Bodendeckerteppiche unter spätaustreibenden Gehölzen

Selbst unter der dichten *Kolkwitzia amabilis* stehen bei uns *Helleborus*.

LAYERING-PRINZIP 4

Herbstblühende Geophyten zwischen wintergrünen Polsterstauden und Bodendeckern, die dem Konkurrenzdruck des Geophyten-Frühlingslaubes im Frühjahr gewachsen sind:

- Herbst-Zeitlose (*Colchicum*) **plus** Immergrün (*Vinca minor*)
- Herbst-Krokusse (beispielsweise *Crocus speciosus*) **plus** Purpur-Stachelnüsschen (*Acaena inermis* 'Purpurea')
- Herbst-Goldbecher (*Sternbergia lutea*) **plus** Woll-Ziest (*Stachys byzantina*)
- Herbst-Alpenveilchen (*Cyclamen hederifolium**) **plus** Schlangenbart (*Ophiopogon*) **und/oder** Immergrünem Schaumkraut (*Cardamine trifolia*)

Crocus speciosus zwischen *Acaena inermis* 'Purpurea'

Colchicum zwischen *Tellima grandiflora*

* *Cyclamen hederifolium* S. 294

LAYERING-PRINZIP 5

Kombination des Unterbewuchses aus Prinzip 1 bis 3: beispielsweise Lenzrosen **plus** *Corydalis* **plus** Schneeglöckchen plus Schlangenbart **unter** Magnolien und Rodgersien.

Reichhaltige Pflanzengemeinschaft unter aufgeasteten Gehölzen

LAYERING-PRINZIP 6

Unterpflanzung aller spätaustreibender Präriebeete mit Geophyten und genügsamen, früh einziehenden Frühlingsstauden:
Für den zeitigen Frühjahrseffekt pflanze ich beispielsweise zur Kombinationen aus *Helenium*, Astern, *Silphium*, *Pycnanthemum* und den dazugehörigen Gräsern, wie *Panicum* und *Andropogon,* gerne Primeln (*Primula*), Schneestolz (*Chionodoxa*) und widerstandsfähige Narzissen (beispielsweise *Narcissus* 'Peeping Tom').

Auch im üppigen, präriehaften Staudenbeet verzichte ich nicht auf niedrige Frühlingsblüher, denen es nichts ausmacht, wenn sie später überwachsen werden.

Die hier nur in Ansätzen aufgeführten Prinzipien lassen sich mannigfaltig ergänzen und fortführen. Bei genau recherchierter Pflanzenauswahl lassen sich somit nahezu endlos viele Kombinationsmöglichkeiten finden. Gehölze, Stauden, Gräser und Geophyten können auch langfristig stabile Pflanzengemeinschaften auf zwei, drei, vier oder sogar fünf über- und unterirdischen Ebenen bilden. Die großen Vorteile an diesen Mehrfachbelegungen – ein und desselben Pflanzortes – bestehen in einer deutlichen Optimierung des Gartenbildes (Blütenaspekte werden wie aufeinanderfolgende Salven eines Feuerwerks abgefeuert) und einem, aufgrund der starken Konkurrenz deutlich minimierten, Unkrautaufkommens.

LAYERING-PRINZIP 7

Alle Wiesen-Pflanzengemeinschaften unter Berücksichtigung ihrer individuellen Standort- und Bodenbedingungen sowie der jeweiligen Mahdzyklen.

Fritillaria meleagris ist in feuchten Wiesen sehr beständig.

Camassia leichtlinii ssp. *suksdorfii* Caerulea Group fühlt sich in fetten Wiesen wohl.

Tulipa orphanidea Whittallii Group zählt zu den schönsten und zuverlässigsten Wildtulpen für den Kiesgarten. Die fantastische *Berberis darwinii* wiederholt im Hintergrund das Farbschema und wird sich später im Jahr mit leuchtend blauen Beeren schmücken.

PRAXIS / PFLEGEMASSNAHMEN IM MAI

Katzenminze (*Nepeta*) vor dem Mai-Rückschnitt ...

... und nach dem Rückschnitt

Chelsea Chop bei Astern

Letzte Winterschutzmaßnahmen, etwa von *Gunnera,* können nach den Eisheiligen entfernt werden, wobei ich im Besonderen bei Mammutblättern (*Gunnera*) sehr viel des Winterschutzlaubes als feuchtigkeitskonservierende Mulchdecke am Fuße der Pflanze belasse.

Von Anfang bis Mitte Mai schneide ich viele spätblühende Stauden herunter oder entspitze sie, um kompakte, reichblühende Pflanzen zu erhalten. Das nennt man „Chelsea Chop".

Ende Mai ist manchmal schon der erste Blütenflor frühblühender Stauden vorüber. Remontierfähige Pflanzen, die keinen nennenswerten Fruchtschmuck tragen, schneide ich nun bis zum Boden herunter.

Immergrüne Bodendecker, wie *Vinca minor* und *Vinca major,* bäumen sich mit den Jahren immer weiter auf. Im Drei- bis Fünfjahresrhythmus schneide ich solche Flächen nach der Blüte mit einer Heckenschere bis fast zum Boden herunter.

Bei verblühten Bart-Iris (*Iris barbata* und Co.) schneide ich den Blütenstängel samt den Blättern an ihrer Triebspitze nun heraus. Sumpf-Iris dürfen ihren zierenden Fruchtschmuck behalten.

Ende Mai schneide ich die Blütenstängel meiner Lenzrosen (*Helleborus* × *hybridus*) bis zum bodennahen Ansatz heraus, um Selbstaussaat und Pilzerkrankungen zu vermeiden. Stammbildende *Helleborus* halten ihre Samenkapseln meist noch bis in den Juni hinein geschlossen.

Anlehnungsbedürftige Stauden, wie etwa *Clematis recta* oder hohe *Disporum,* versehe ich nun mit dezenten Stützen (beispielsweise aus gebogenen Haselruten).

Weitere Kontrolle verblühter Zwiebelgewächse: Was apart bleibt (beispielsweise *Allium* oder *Eremurus*), darf bleiben, unansehnliche Blütenstiele schneide ich heraus.

„Two-in-One-Pflanzen", wie *Brunnera macrophylla* oder *Pulmonaria*, verwandeln sich nun durch das Herausschneiden der abgeblühten Blütenstiele von bunten Blütenstauden in ansehnliche Blattschmuckpflanzen.

Ergänzende Nachpflanzungen von Stauden und Einjährigen gelingen im Mai aus gestalterischer und aus vegetativer Sicht besonders gut (auf entsprechende Wasserversorgung achten!).

Nun verblühte Vergissmeinnicht haben bereits ausreichend Samen gebildet, sodass man beim Entfernen der unansehnlich werdenden Pflanzen unweigerlich für reichliche Nachkommenschaft sorgt.

Frühblühende Staudenprimeln lassen sich am besten direkt nach der Blüte teilen und vermehren.

Einjährige Kletterpflanzen, wie *Cobaea scandens*, *Ipomoea tricolor* oder *Asarina erubescens*, werden besonders prächtig, wenn sie nun mit reichlich schnell wirksamem organischen Dünger (beispielsweise mit Hornmehl) und einer guten Wasserversorgung gepflanzt werden.

Verjüngungsschnitt frühblühender Gehölze im Staudenbeet nach deren Blüte, beispielsweise *Buddleja alternifolia*, Rhododendron oder *Syringa*.

Attraktive Fruchtstände von *Allium* 'Ostara'

Gehölzschnitt *Buddleja alternifolia*

Nach dem bodennahen Rückschnitt frühblühender Stauden bleibt der Waldgarten möbliert und wird sich binnen zwei Wochen mit neuem Blattwerk füllen.

SOMMER / JUNI

/JUNI

Als „Lush and Green" bezeichnet meine Gartenfreundin Åsa Gregers-Warg, die heutige Headgardenerin von Beth Chatto Gardens, das Vegetationsbild im Juni, wenn es im Mai gnädigerweise geregnet hat.

Der Mai hat sich kühl und trocken verabschiedet und im HORTVS wächst die temperaturentschleunigte Vegetation gerade nur so schnell, dass ich nichts verpasse. Zusätzlich stellen sich Anfang Juni auch noch einige wohltuende Regenschauer bei leicht erhöhten Temperaturen ein – Wachstumswetter pur! Wir genießen es, die vermehrten Pflanzen in der Gärtnerei nicht jeden Tag gießen zu müssen, und freuen uns über die immer stolzer werdende Gartenüppigkeit. Dabei ergehe ich mich in generellen Überlegungen zur zeitgenössischen Gartenästhetik. Wie ist diese beispielsweise mit dem heute unumgänglichen Ansatz sinnvoller Gartenökologie in Einklang zu bringen? Dass hervorragende Gartengestaltungsansätze und eine starke Hinwendung zu natürlichen Prozessen sich keinesfalls ausschließen müssen, ist ein alter Hut. Spätestens nach dem Lostreten der englischen Naturgartenbewegung des neunzehnten und frühen zwanzigsten Jahrhunderts sollte allen Gartenbesitzern bewusst sein, wie innovativ und zeitgemäß naturhaftes, ökologisch durchdachtes Gärtnern ist. Ein besonders einflussreicher Hauptakteur dieser Ziergartengestaltungsart war unumstritten der irische Ausnahmegärtner William Robinson (1838–1935). Er und seine Mitstreiter, zu denen unter anderem auch seine großartige Schülerin Gertrude Jekyll (1843–1932) zählte, propagierten mit großem Erfolg eine völlig neue Gartenästhetik: den Naturgarten. Als Antithese zu den sonst üblichen manierierten Ziergärten der Viktorianischen (beziehungsweise in Deutschland der Wilhelminischen) Ära rückte Robinson plötzlich die Schönheit schwelgerischer Naturbilder in den gärtnerischen Fokus. Seine Bücher und Schriften, wie „The Wild Garden“ (1870) oder „The English Flower Garden“ (1883), waren und sind Bestseller und wichtige Standardwerke für moderne (!) Gestaltungsansätze.

Der so simple wie logische Gartenansatz, dass die Gestaltung mit frostharten, robusten Stauden, Ein- und Zweijährigen, Gräsern und Gehölzen (die züchterisch wenig bearbeitet worden sind) nicht nur unfassbar schön sein kann, sondern zudem pflegeleichter und umweltbewusster ist, hallt bis in unsere derzeitige Gartenkultur nach. Nach Robinson und Jekyll sollten noch sehr viele weise gewordene Gärtnergrößen folgen, die weltweit agieren würden. Doch, wie so oft, ist der Pfad zur Tugend ein verschlungener und bietet viele Falltüren und Sackgassen, in die man fälschlicherweise geraten kann. So musste auch ich den einen oder anderen Umweg beschreiten, um zu meinen heutigen Gartenerkenntnissen zu gelangen. Bereits seit frühester Kindheit waren Natureindrücke für mich stark und maßgeblich. Schon als Jugendlicher untersuchte ich Pflanzengesellschaften im In- und Ausland und war fasziniert von den komplexen Wechselwirkungen natürlicher Lebensgemeinschaften, aber eben auch von der allgegenwärtigen Schönheit, die mich bei meinen Wanderungen begleitete.

Als junger Gartenplaner konnte ich jedoch nur schwer die Faszination eines Naturbildes in den Hausgarten transferieren. Ich war (und bin es mitunter noch immer) einer architektonischen Formsprache im privaten Grün zugeneigt. Die Gründe hierfür sind vielfältig, und ich versuche stets eine harmonische Verbindung von menschengemachter Geradlinigkeit (das Wohnhaus beispielsweise) und dem Außenraum herzustellen. Nur so, scheint mir, ist die Erweiterung des Gartens als aktiver Lebensraum für den Menschen möglich. Der große Fehler, den ich jedoch anfänglich dabei machte, bestand darin, dass ich den formal-architektonischen Gestaltungsansatz auch bedingungslos auf meine damaligen Bepflanzungsschemata übertrug. Das Ergebnis sah „stylish" aus und war bei den Kunden und oft auch bei den Kollegen aus der Hochbauarchitektur beliebt: Buchsbaumformschnitte, Annabelle-Hortensien und Hochstammspaliere im Zusammenspiel mit gepflegten Rasenflächen und glasklaren Wasserbecken erschienen gerade richtig für den zeitgenössischen Hausgarten und den modernen Menschen.

Heute weiß ich, dass es sich bei meinen damaligen Gestaltungen keineswegs um einen Fortschritt, sondern vielmehr um einen unreflektierten Rückschritt auf dem Pfad der Gartenkultur handelte. Ökologisch sinnvoll waren meine damaligen Gärten dabei nur wenig. Zum Glück merkte ich, dass ich auf dem Holzweg war und zog Konsequenzen. Von Beth Chatto hatte ich schon viel gelesen und wusste, dass sie in einem sachlich-modernen Split-Level-Building aus den späten 1950er-Jahren lebte – umgeben von einem naturnahen Pflanzenparadies. Ich unterbrach meine Arbeit in Deutschland, um für die große Dame der standortgerechten Pflanzenverwendung zu arbeiten. Beth sollte schon bald zu meiner Mentorin werden – und sie blieb es bis zu ihrem Tod im Mai 2018.

Vor mehr als anderthalb Jahrzehnten schaffte es also die letzte der damals noch lebenden Grande Dames der englischen Gartenkultur, mich von meinem hölzernen Pfad zurück zum (nicht immer ganz geradlinigen) Weg, der in eine sinnvolle Gartenzukunft weist, zu führen. Ausgerechnet Beth, die in ihren Flächengestaltungen, ihrem Garten-Layout strikt informal und ohne Geometrie gärtnernde, wies mir auf, dass meine persönlichen oft recht geometrieverliebten Ideen zur Gartengestaltung keineswegs unvereinbar mit inhaltlich richtiger Pflanzenverwendung sind. Die große Pflanzenversteherin offenbarte mir, wie einfach menschliche Gestaltung und Ökologie im Garten in Einklang zu bringen sind. Logik und Naturverständnis sind die simplen Schlüsselwörter. Beth Chatto brachte ihren Ansatz schon sehr früh durch ihr weltberühmt gewordenes Motto „Right Plant – Right Place" zum Ausdruck. Egal, welche Formgebung oder formale Planungsintention in einer Gartenidee angedacht ist.

Chatto wies immer darauf hin, dass all das, was sie so berühmt gemacht hatte, vor ihr schon längst andere Gartengrößen vorgedacht hatten; es geriet nur bisweilen in Vergessenheit. Heute, im Zeitalter des nicht mehr wegzudiskutierenden Klimawandels, ist das Thema Ökologie im Garten aktueller denn je.

Formalität im Garten gilt als angenehm empfundenes Ordnungsprinzip. Heute kommt es darauf an, gestaltete Strukturen mit ökologisch sinnvollen Pflanzeninhalten zu füllen.

Beth Chattos weltberühmter Kiesgarten im Hochsommer

Rechts: Beth Chatto erkannte viel früher als andere Gartengrößen, welchen Wert Staudenfruchtstände und längst vertrocknete Gräserhalme für das Gartenbild haben können.

Weltweit ist daher eine erfreuliche Weiterentwicklung der ursprünglichen Naturgartenidee zu beobachten, sodass zunehmend herausragende, funktionierende und biodiverse Gärten entstehen, die ganz selbstverständlich wieder mehr der Natur gerecht werden und sich dabei zeitgleich den Bedürfnissen unserer modernen Gesellschaft zuwenden.

Seit meiner Zeit in England erforsche ich wieder viel ausgiebiger natürliche Prozesse und pflanzliche Lebensgemeinschaften. Dabei stoße ich regelmäßig und fast unweigerlich auf neue Gestaltungsfragen. Eine dieser Fragen ist: Sind Stauden- und Gräserrückschnitte im Hausgarten immer zwingend nötig? Oder könnte man, bei richtigem Konzept und einer entsprechenden Pflanzenauswahl, es nicht mitunter in einigen Gartenbereichen der Natur gleichtun und die Überbleibsel des Vorjahres in die eigene Gartenästhetik einfließen lassen?

Anfang Juni fahre ich zur Recherche dieser Frage für ein paar Tage an die Nordsee. Und während es in dieser Zeit im HORTVS spürbar wärmer wird, gestaltet sich mein kurzer Aufenthalt auf Sylt recht kühl bei Tagestemperaturen zwischen zehn und vierzehn Grad. Trocken ist es hüben wie drüben, doch die Nordseekühle erhält der Insel weiterhin ein frisches, fast frühlingshaftes Aussehen. Die Reise hat sich gelohnt, denn täglich entdecke ich optisch sehr ansprechende Wildstauden-Situationen, in denen längst vergangene Pflanzenstrukturen keine Beeinträchtigung darstellen, sondern die Ästhetik sogar verbessern. Wie sinnvoll dies für die Tierwelt ist, wie beständig solche Bilder sein können und vor allem auch, ob sich solch ein Ansatz realistisch in Privatgärten integrieren lässt, wird sich noch zeigen müssen.

Gräser als Stimmungsträger im HORTVS

PRAXIS / WILDSTAUDENSITUATIONEN

Erstaunlich harmonische Kombination aus eingetrocknetem Reet (*Phragmites australis*) und üppigen Wiesen-Kerbel-Schäumen. Könnte eine solche Kombination, in der später das frische Reet den Wiesen-Kerbel (*Anthriscus sylvestris*) überwachsen wird, auch ohne jährlichen Rückschnitt beständig sein?

Das „wilde" Miteinander von Altem und Neuem funktioniert besonders gut, wenn formale Strukturen ins Bild kommen. Hier stehen frischer Wiesen-Kerbel (*Anthriscus sylvestris*) und alte sowie neue Halme von *Phragmites australis* in harmonischer Kombination am schnurgeraden Weg.

Baumsämlinge und Gehölze, wie Brombeeren, müssten weiterhin zur Erhaltung der Staudenpflanzung entfernt werden.

Armeria maritima als „Straßenbegleitgrün" und selbst auf Kuhweiden ...

Bei weichstängeligen Stauden, wie hier Lupinen (*Lupinus polyphyllus*) am Straßenrand, bleiben keine Vorjahresstrukturen erhalten, da die abgeblühten Stiele vorher abknicken.

Grasnelken (*Armeria maritima*), Sauerampfer (*Rumex acetosa*) und die Überbleibsel der letztjährigen Rainfarnblüte (*Tanacetum vulgare*)

DER STAUDENGARTEN IM JUNI

Zurück im HORTVS bekomme ich kaum Luft. Aus der Aerosol-geschwängerten Frische wieder unter die rheinische Sommerdunstglocke zu schlüpfen, ist unangenehm atemberaubend ... Doch wie immer, wenn ich in den HORTVS zurückkomme, ist es für mich auch eine Offenbarung. Und heute Abend begrüßt mich unser Garten nicht nur in schönstem Licht, sondern mit einer wunderbaren Inszenierung. Das Tor geht auf und im Radio beginnt das wunderbare Zwischenspiel aus Gustav Holsts „Jupiter“ (The Planets). Zu dieser etwas pausbäckigen „heimlichen Nationalhymne“ der Briten flankieren rechts und links unserer Zufahrtsallee nicht nur jeweils zehn mittlerweile acht Meter hohe Mittelmeer-Zypressen (*Cupressus sempervirens*) sondern auch insgesamt dreihundert hoch aufgeschossene *Allium* 'Summer Drummer' – Ein ergreifender Empfang! Im HORTVS begegnet uns zudem wieder Trockenheit. Schon wieder! Es ist zwar bis jetzt nicht ganz so dramatisch wie im vorigen Jahr, doch steter Wind und ausbleibende Regenfälle, bei hochsommerlichen Temperaturen, lassen einige Teile des Gartens deutlich in die Knie gehen.

Auf meinem heutigen Spaziergang durch den Garten versuche ich, die Folgen des Wetters und der nun seit drei Jahren währenden Grundwasserabsenkung (Sanierungs- und

Die zypressengesäumte Zufahrt in den HORTVS, eingefasst mit Ligusterhecken (*Ligustrum vulgare*) und bestanden mit *Oenothera lindheimeri* und *Allium* 'Summer Drummer'

Neubauvorhaben auf unserer Straße) zu ignorieren. Doch es fällt schwer, die Teiche nur noch bis zur Hälfte gefüllt zu sehen und den Teichrandbewuchs entsprechend geschädigt vorzufinden. In den nächsten Tagen werden wir die schlimmsten Trockenheitsschäden herausschneiden und sehr zu meinem Bedauern im „Feucht"-Garten wässern müssen.

Um nicht allzu sehr dem Sommer-Blues zu verfallen, mache ich mich schleunigst in die trockenen Gebiete des HORTVS' auf, denn ausgerechnet hier ist die (Pflanzen-)Welt selbst jetzt noch in Ordnung. Das weiß ich.

Welch' wunderbares Aufatmen! Kaum habe ich den Wald- und Feuchtgarten, dann die folgenden Waldsaumborders verlassen, wird es schon im Wiesengarten deutlich wärmer – aber auch deutlich schöner!

Und später, auf meiner Sandbank – dem Kies- und dem Silbergarten – scheint das harsche Sommerwetter das Pflanzengedeihen eher zu verbessern. Auf den (noch?) mit konventionellem Rasen bestandenen Zwischenstücken heißt es spätestens seit letztem Jahr gestalterische Abstriche zu machen – im Sommer haben wir hier nun „Goldrasen". Aber abgesehen davon fallen mir unendlich viele hervorragende Juni-Kombinationen auf, die den Wetterunbilden trotzen.

Üppiger Pflanzenbewuchs kaschiert von dieser Seite den Wasserniedrigstand in unseren Teichen. Aus anderen Perspektiven wird schnell ersichtlich, dass der Wasserstand nur halb so hoch ist, wie er sein müsste.

Allium sphaerocephalon

Knautia macedonica

Centranthus ruber

Albizia julibrissin

Verbascum nigrum

Euphorbia seguieriana ssp. niciciana

NATURHAFTE KOMBINATIONEN FÜR SONNIGE GARTENPLÄTZE, DIE AUCH IN TROCKENEN JAHREN ÜBERZEUGEN

Zwischen die üppige Bläue von *Nepeta* 'Weinheim Summer Blues' (die niemals zu „blauen" Stimmungen führt!) setzen die pflaumenförmigen Blütenpulks von *Allium sphaerocephalon* kontrapunktische Rhythmen. *Knautia macedonica* variiert das Farnthema, während sanft kontrastierendes Zartgelb von *Phlomis russeliana* und *Achillea filipendulina* 'Credo' in dazwischenliegenden Bändern für entspannende Intermezzi sorgt.

Meine Lieblingsrose, *Rosa glauca*, bildet zusammen mit dem purpurnen Laub von *Physocarpus opulifolius* 'Little Devil' den Rahmen für die Vertikalen der noch knospigen Blaurauten (*Perovskia*) und für die Blütenkerzen von nun voll erblühter gelber *Verbascum nigrum*. Dazwischen setzen die beiden komplett verschiedenen Gräser *Nasella tenuissima** und *Ammophila breviligulata* grafische Akzente.

Wer kann einem Junibeet aus Frauenmantel (*Alchemilla mollis*), Steppen-Salbei (*Salvia nemorosa* 'Caradonna'), Kronen-Lichtnelke (*Silene coronaria*), Gräsern und Oregano (*Origanum vulgare* 'Rosenkuppel') widerstehen?

Im kiesheißen Vordergrund der Sandbankpflanzung überzeugt die seltsam harmonische Farbharmonie aus Kartäusernelken (*Dianthus cartusianorum*), ihrer dunkleren Verwandten *Dianthus cruentus*, Roten Spornblumen (*Centranthus ruber* 'Coccineus') mit *Verbascum nigrum* (deren Blütenmitte so fantastisch mit den zuvor genannten roten Blütenfarben korrespondiert) und der Steppen-Wolfmilch (*Euphorbia seguieriana* ssp. *niciciana*).

Ein tonfarbener Schafgarben-Sämling, den ich dereinst auf Beth Chattos privater Terrasse fand, welchen ich mitnehmen durfte und 'Beth's Patio' taufte, ergeht sich dieser Tage in tiefer Harmonie zu seinen Begleitern aus abgeblühten, aber farbschönen *Allium*-'Globemaster'*-Blütenständen, Moschusmalven (*Malva moschata**), Färberkamille (*Cota tinctoria* 'Sauce Hollandaise') und der immer willkommenen *Alchemilla mollis*. Im Bildvordergrund stehen Bergenien und Rosenwaldmeister (*Phuopsis stylosa* 'Rosea'). Dahinter warten Gräser, verschiedene Bartblumen (*Caryopteris*) und ein die Szenerie überspannender Seidenbaum (*Albizia julibrissin*) auf ihre späteren Auftritte.

* *Nasella tenuissima* S. 217 *Allium* 'Globemaster' S. 64 *Malva moschata* S. 107

EMPFEHLENSWERTE STAUDEN FÜR TROCKENEN SCHATTEN UND HALBSCHATTEN

Nach diesem so erfrischenden Rundgang durch die Hitzekammer des HORTVS' muss ich fairerweise in den Waldgarten zurückkehren, um auch eine Liste der hartgesottenen Schattenstauden, die nach wie vor hervorragend aussehen, zu erstellen! Folgend ein Auszug meiner Schattenstaudenliste aus dem Juni 2019, erstellt bei 38 °C.

- Alle Elfenblumen (*Epimedium*) und Schein-Elfenblumen (*Vancouveria*)
- alle Salomonsiegel (*Polygonatum*)
- Duftsiegel (verschiedene Arten von *Maianthemum*, syn. *Smilacina*)
- Elfenglocken (*Disporum* und *Disporopsis*)
- Waldgräser im Schatten (*Hakonechloa* und *Melica uniflora* var. *albida*)
- Seggen (herausragend sind *Carex plantaginea*, *Carex laxiculmis*, *Carex* 'Kyoto' und *Carex oshimensis*)
- Haselwurz (*Asarum europaeum*, *Asarum caudatum*)
- alle *Hosta* im Vollschatten
- natürliche Varianten von Taglilien (*Hemerocallis*)
- Geißbart (*Aruncus dioicus*, *Aruncus aethusifolius*)
- Araliengewächse (*Fatsia japonica*, *Tetrapanax papyrifer* 'Rex', *Trochodendron aralioides*, *Kalopanax septemlobus*)
- sehr viele Farne (besonders aus den Gattungen *Polystichum*, *Dryopteris*, *Arachniodes* und *Asplenium*)
- die meisten Steinbrechgewächse (*Saxifragaceae*)
- Feuerkolben und weitere Aronstabgewächse (*Arisaema*, *Amorphophallus*, *Pinellia*, *Sauromatum*), von denen einige erst im Juni austreiben

Epimedium

Hakonechloa

Hosta sieboldiana

Tetrapanax papyrifer 'Rex'

Arachniodes

Chiastophyllum

Amorphophallus

Die violetten Blütenbälle von Zierlauchsorten sind in Sonnengärten sehr beliebt. Doch nicht nur der Blütenschmuck ist prächtig, auch die Früchte bereichern das Staudenbeet bis in den Spätsommer.

Wer im Mai die verblühten Zierlauchstängel heruntergeschnitten hätte, müsste solch eine Juni-Szene missen.

PRAXIS / PFLEGEMASSNAHMEN IM JUNI

Hemerocallis

Poa labillardierei

Foeniculum

Weiteres Herunterschneiden frühlingsblühender Stauden nach der Blüte, sofern es die Witterung zulässt; es sollte also nicht zu heiß und sonnig sein und ein Minimum an Bodendurchfeuchtung muss ebenfalls gewährleistet sein. Hierzu zählen unter anderem: *Alchemilla mollis*, *Tellima grandiflora**, *Geranium phaeum* oder *Aquilegia vulgaris*.

Mahd bestimmter Frühlingsblumenwiesen. Bei Zwiebelblumenwiesen sollte das Laub der Geophyten braun oder zumindest gelb geworden sein.

Ausputzen und Ausschneiden großblumiger Gartenstauden, wie *Hemerocallis*. Sehr frühe Sorten können nun stark zurückgeschnitten werden und treiben bald neues Laub.

Sonnenröschen (*Helianthemum**) schneide ich nach der Blüte kräftig zurück, um kompakte Horste zu erhalten.

Polsternelken, beispielsweise *Dianthus plumarius* werden nach der Blüte geschnitten. Dabei schneide ich oftmals bis in den Neuaustrieb, um die Verzweigung zu fördern und besonders dichte Polster zu generieren.

Verwelkte Grasnelken-Blütenstände (*Armeria*) schneide ich nun bis in den Blattansatz heraus. Ältere Exemplare, die von innen verkahlen, können nun geteilt werden.

Hohen, sehr üppigen *Thalictrum*-Arten und -Sorten, beispielsweise *Thalictrum* 'Elin', *T.* 'Anne', *T.* 'Tukker Princess' oder *T. rochebruneanum* macht es nun nichts aus, wenn man einen Teil der unteren Blätter entfernt, um anderen Stauden im Beet mehr Platz zu geben. Ähnliches gilt auch für *Acanthus*, *Crambe cordifolia* oder *Cynara*.

Wenn es Ihnen bei Fenchel (*Foeniculum vulgare*) oder Artischocken (*Cynara cardunculus*) auf die Blatt- und nicht auf die Blütenwirkung ankommt, sollten Anfang Juni die blühen wollenden Stängel eingekürzt werden, damit die Kraft ins Laub geht.

* *Tellima grandiflora* 'Purpurea' S. 295 *Helianthemum* S. 161, 297

Nach dem Mai- und Juni-Rückschnitt frühblühender Stauden und Gräser, wie *Milium effusum*, *Geum rivale* oder *Euphorbia dulcis*, kommen spätere Blattschmuckstauden wie *Zingiber mioga* 'Dancing Crane'* gebührend zur Geltung.

Digitalis purpurea ist vielerorts im Juni verblüht. Selbst wenn Neutriebe aus den Basalrosetten erscheinen, entferne ich die Pflanzen trotzdem komplett zugunsten stärkerer Sämlinge.

Aussaat für blühende Zweijährige, wie *Digitalis*, *Erysimum* oder *Salvia sclarea**, für das nächste Jahr.

Als eines der wenigen Ziergräser kann *Poa labillardierei* Ende Juni nochmals um etwa die Hälfte zurückgeschnitten werden. So verliert man zwar den Blütenschmuck, erhält sich jedoch ein frisches Laub bis zum Frost.

Milium effusum 'Aureum', *Geum rivale** und *Euphorbia dulcis* bekommen nun unweigerlich Mehltau. Ein Rückschnitt bis zum Boden lässt in zwei bis drei Wochen frisches, gesundes Laub sprießen.

Bei stammbildenden *Hellebori* (beispielsweise *H. argutifolius* oder *H. foetidus*) schneide ich vor dem Öffnen der Samenkapseln die verblühten Stämme bis zum Boden heraus.

Das langsam gelb und schlaff werdende Laub der zweijährigen *Angelica archangelica** entferne ich im Juni komplett und lasse nur den dekorativen Fruchtstand stehen (eventuell stützen).

* *Zingiber mioga* auch S. 193 *Salvia sclarea* S. 115, 161 *Geum rivale* S. 295 *Angelica archangelica* S. 222

Hecken- und Formschnitte von Gehölzen im Staudengarten (etwa Mitte Juni); Pflegewege garantieren ein sicheres und bequemes Arbeiten.

Das nun welke Laub von Herbst-Zeitlosen (*Colchicum**) entferne ich immer durch Abschneiden – beim Herausziehen kommt es zu Knollenverletzungen.

Den bodennahen Rückschnitt von robusten, frühblühen Stauden erledige ich zeitgleich mit dem ab nun anfallenden Schnitt von Formschnittgehölzen – so muss man nur einmal das Schnittgut aus dem Beet räumen.

Die staksig gewordenen Blütenstiele von frühlingsblühenden Bodendeckern, wie *Arabis*, *Cardamine trifolia* oder *Phlox stolonifera*, schneide ich nach der Blüte mit einer Heckenschere herunter. Das zeitgleiche Einkürzen nach oben strebender Neutriebe ist gewünscht; es verbessert die Dichte der Bodendecker.

* *Colchicum* S. 185

Unkraut jäten macht zu zweit deutlich mehr Spaß! Dabei ist es im HORTVS vor allem ein Zuviel an Sämlingen unserer Stauden und Gräser, die zum „Kraut an einem Unort" werden können. Dank der vielen unterschiedlichen Mulchauflagen in unserem Garten halten sich die jungen Pflanzen nicht so sehr fest und sind leicht gejätet. Auch das Betreten der Beete ist für den Boden dank der Mulchschicht deutlich verträglicher. Gehackt oder geschuffelt wird zwischen unseren Pflanzen nie – wir verwenden einfache Jätehaken (wie eine Miniaturausführung eines Sauzahnes).

Den Ausbreitungsdrang der zauberhaften *Cardamine bulbifera* dämme ich im Juni durch Herausziehen der gesamten Triebe (Vorsicht ist geboten, damit die verbreitungsfreudigen und leicht herabfallenden Blattachsel-Bulben nicht allzu reichlich ins Beet geraten).

Mitte Juni bis Ende Juli ist die letzte sichere Möglichkeit, Akanthus (*Acanthus*) in winterkalten Regionen auszupflanzen.

Sollte es ab Juni wärmer und trockener werden, ist eine Bodenfeuchtigkeits-Kontrolle bei allen neuerlich gepflanzten Gehölzen (in den ersten drei bis fünf Jahren) und Stauden (in den ersten ein bis zwei Jahren) unerlässlich. Im Bedarfsfall gieße ich punktuell sehr reichlich, jedoch in zeitlich großen Abständen. Rasenschnitt-Mulchungen des Wurzeltellers helfen Gehölzen zusätzlich in der Einwachsphase.

SOMMER / JULI

JULI

Selten gemähte Feld- und Wiesensäume entwickeln sich zu reichhaltigen, insektenfreundlichen Lebensgemeinschaften; manchmal gesellen sich sogar aus Gärten entfleuchte Gewächse hinzu und bilden zusammen eine beständige Lebensgemeinschaft.

Anfang Juli mache ich mich auf, um wiesenhafte Staudengesellschaften in der Natur zu studieren – hierzu fahre ich in eine kurze Sommerfrische. Ich übergebe für kurze Zeit den Gärtnereischlauch an Michael und meine tapferen Mitarbeiter und freue mich auf ein paar Tage Landleben.

Das Oberbergische Land liegt nur etwa eine Autostunde vom HORTVS entfernt, doch ist man sofort in einer anderen Welt – und in einem anderen Klimat. Die durch Forstwirtschaft und Weideland geprägte Hügellandschaft liegt im Minimum zweihundert Meter höher als der HORTVS. Die Besiedlungsdichte ist hier deutlich geringer, die Orte oft beschaulich und agrarisch geprägt; Fachwerkhäuser mit Bruchsteinsockel sind typisch für das Bergische Land und allenthalben zu sehen. Hier lässt es sich bestens wandern, und an vielen Feldsäumen und Bachrändern sind bemerkenswerte Wildpflanzengemeinschaften zu beobachten. Das Bodengefüge ist völlig anders als in der Hildener Heidesandebene, nämlich deutlich gehaltvoller, mit einem höheren pH-Wert und sehr steinig. Die auch hier auf riesigen Flächen angepflanzten Fichtenschonungen sehen allesamt sehr bemitleidenswert aus oder sind in Partien bereits abgestorben. Bleibt zu hoffen, dass die Neuaufforstungen sinnvoller und nachhaltiger ausfallen.

Meine Wanderungen führen mich ausschließlich durch reine Kulturlandschaften. Jeder Quadratmeter ist hier – wie überall in Deutschland – vom Menschen verändert worden. Und doch gibt es so viel Wildes zu entdecken! Juni und Juli sind besonders gute Monate für botanische Wanderungen in unseren Breiten, denn die krautige Flora steht in voller Blüte. Ziel meiner Recherchen ist zum einen die Ablesbarkeit von natürlichen Habitaten durch spezifische Pflanzengemeinschaften (das Vorhandensein sogenannter Zeigerpflanzen). Andererseits bin ich gespannt, ob ich Rückschlüsse zu Übertragungsmöglichkeiten von Naturbildern in den Garten erkenne.

In der bewegten Landschaft des Bergischen Landes durchwandert man innerhalb kürzester Zeit äußerst unterschiedliche Lebensbereiche für Pflanzen. Das ständige Auf und Ab im Geländeprofil, die patchworkartige Aufteilung von Forst- und Ackerflächen sowie das rege Vorhandensein von kleineren Fließgewässern bilden ein Kaleidoskop unterschiedlicher Habitate. Dabei lassen sich selbstredend alle möglichen Übergänge zwischen den Standortextremen finden.

Auf meinen Touren wiederholen sich diese Unterschiedlichkeiten in schöner Regelmäßigkeit, und ich kann sie in etwa wie im Folgenden beschreiben.

PFLANZENGEMEINSCHAFTEN, DIE MIR IM BERGISCHEN LAND ANFANG JULI INS AUGE FIELEN

In feuchten Senken und an Bachläufen begeistert mich die Kombination aus dichten Mädesüßbeständen (*Filipendula ulmaria*), Blutweiderich (*Lythrum salicaria*), noch nicht ganz erblühtem Wasserdost (*Eupatorium cannabinum*) und Sumpf-Ziest (*Stachys palustris*). Üppige Blattschwerthorste von Sumpf-Iris (*Iris pseudacorus*) und diverse feuchtigkeitsliebende Gräser setzen in dieses wilde Schäumen grafische Akzente.

In den Übergangsbereichen zu trockeneren Wiesenstreifen gesellen sich die letzten Blüten von Wiesen-Margeriten (*Leucanthemum vulgare*), noch knospigem Rainfarn (*Tanacetum vulgare*) und die mitunter intensiv purpurviolett gefärbte Weg-Distel (*Carduus acanthoides*) hinzu. Im Hintergrund bringen die Wiesen-Platterbse (*Lathyrus pratensis*), hohe Nachtkerzen (*Oenothera biennis*) und Gilbweiderich (*Lysimachia vulgaris*) das Bild mit strahlendem Gelb zum Leuchten. Hier und dort gesellen sich echter Baldrian (*Valeriana officinalis*) und Wiesen-Bärenklau (*Heracleum sphondylium*) hinzu. Dazwischen sorgt Wiesen-Storchschnabel (*Geranium pratense*) für willkommenes Blau.

Auf den extensiv gemähten Flächen des Wiesen- und Weidelandes breiten sich vielfarbige Blütenteppiche in nahezu gleichmäßiger Höhenausprägung aus. Durch die regelmäßige Mahd sind auch sonst deutlich höher werdende Stauden sichtlich gestutzt,

Durch Mahd remontierende Blütenpflanzen in einer Agrarwiese:
Das erneute Nektarangebot unterstützt die verbliebenen Insekten.

Lythrum salicaria

Centaurea nigra

Leucanthemum vulgare

Heracleum sphondylium

Malva moschata

Blechnum spicant

Ajuga reptans

Calluna vulgaris

blühen aber trotzdem. Sehr schön fand ich das Zusammenspiel aus weißem und rotem Wiesen-Klee (*Trifolium repens* und *Trifolium pratense*), Schafgarben (*Achillea millefolium* – oft in Weiß, aber gelegentlich auch mit rosafarbenen Varianten), violettfarbenen Braunellen (*Prunella vulgaris*) und gelbem Hornklee (*Lotus corniculatus**).

Folgt man den Feldwegen auf die Höhenzüge, sind die Wegsäume unter den Weidezäunen blau-weiß geflaggt. Die bajuwarische Farbgestaltung aus Wiesen-Labkraut (*Galium mollugo*) und blauen Vogel-Wicken (*Vicia cracca*) lässt mich auf den steil nach oben strebenden Pfaden schmunzeln. Bodennah entdecke ich das Laub von *Ajuga reptans** und vermute, dass es die gleiche Farbigkeit hier schon im Mai gab. Auf den Mittelstreifen, zwischen Traktorenspuren, breitet sich kontrastierend ein verstörend feminin wirkendes Band von bonbonrosa Ackerwindenblüten (*Convolvulus arvensis*) aus. Hier und dort stehen Gruppen noch nicht blühender Flockenblumen (*Centaurea nigra**).

Je höher ich komme, desto mehr trockenheitsverträgliche Pflanzengemeinschaften finde ich: Fetthennen (*Hylotelephium telephium*), Zypressen-Wolfsmilch (*Euphorbia cyparissias*), Moschus-Malven (*Malva moschata*) und Rundblättrigen Glockenblumen (*Campanula rotundifolia*) scheint der heiß-trockene Standort nichts anzuhaben. Auch die Zusammensetzung der jeweils vorherrschenden Gräser verändert sich deutlich – hier oben gleichen die feinen Blütenschleier von *Agrostis nebulosa* seltsamen Nebelschwaden in der Sonne.

Sobald ich in Waldstücke abbiege, werden die Vegetationsdichte und die Artenvielfalt armselig. Das liegt natürlich keineswegs am Wald oder an der Beschattung, sondern an der hier oft vorherrschenden Fichten-Monokultur. Einige Farne (*Pteridium aquilinum*, *Dryopteris filix-mas*, *Blechnum spicant**, und andere), Wald-Habichtskraut (*Hieracium sylvestris*) und Salbei-Gamander (*Teucrium scorodonia*) erfreuen mich an den Forsteingängen trotzdem. An den Stellen, wo die abgängigen Fichten bereits gefällt wurden, breiten sich auf den koniferenversauerten Böden teils sehr hübsche Heidebestände aus (*Calluna vulgaris*).

Fichtenschonungen gehören schon jetzt der Vergangenheit an. Artenvielfalt – auch in der Forstwirtschaft – ist die einzige Möglichkeit, den Wald und die Holzproduktion in die Zukunft zu tragen.

* *Lotus corniculatus* S. 115 *Ajuga reptans* S. 107 *Centaurea nigra* S. 107 *Blechnum spicant* S. 107

Artenvielfalt muss auch
im Hausgarten oberste
Prämisse sein.

Auffällig ist, dass die unterschiedlichen Feuchtigkeitsgrade des Bodens und die jeweilige Sonnenintensität direkt an der Pflanzengemeinschaft abzulesen ist. Begeisternd in allen Lebensbereichen ist das allgegenwärtige Summen und Brummen von so vielen Insekten, wie ich es schon lange nicht mehr gehört und gesehen habe. Und den ganzen Tag über begleiten mich die ebenfalls omnipräsenten Vogelstimmen. So habe ich hier im Bergischen Land zwar keine wirklichen Pflanzenraritäten gefunden, kehre jedoch tief beseelt von den Feldsäumen und mit frisch geschärftem Blick in den HORTVS zurück. Im Garten werde ich das soeben Erlebte mit den von mir erschaffenen Pflanzungen vergleichen und versuchen, diese kritisch zu diskutieren.

Bei meiner Rückkehr fällt mir etwas auf: Auf etwa der Hälfte der Rückfahrtstrecke muss ich tanken. An der Tankstelle tue ich etwas, was ich schon lange nicht mehr tat – ich säubere die Windschutzscheibe. Ein paar Insekten kleben nach dem ersten Abschnitt meiner Rückreise auf der Scheibe – das ist man gar nicht mehr gewohnt. In den 1970er-Jahren hielt mein Vater noch alle naselang an, um wirklich verkrustete Scheiben zu reinigen – das mittlerweile achtzigprozentige Insektensterben zeigt sich den Menschen manchmal auf kuriose Weise ... Die zweite Hälfte meines Fahrwegs führt in das riesige Ballungsgebiet, in dem ich lebe. Vorbei an Köln und Leverkusen bis zum Verkehrsinfarkt-anfälligen Hildener Autobahnkreuz. Im ersten Haus nach der Abfahrt Hilden wohnen und gärtnern wir. Ich komme mit sehr, sehr sauberen Scheiben nach Hause ...

Aber auch im HORTVS summt und brummt und tiriliert es ganz heftig – das versüßt die Rückkehr! Gut, auch wenn ich meinen Garten immer, selbst wenn ich nur ein, zwei Tage weg bin, unendlich vermisse – ich brauche zunächst ein paar Stunden, um mich wieder an die Verkehrsgeräusche zu gewöhnen. Der HORTVS ist nun einmal ein Stadtgarten. Meine Ankunft empfinde ich trotzdem wie die Rückkehr in ein Paradies – obwohl ich doch vor gerade erst einer guten Stunde ein anderes Paradies verlassen habe. Ich werde die Hausrotschwänze (*Phoenicurus ochruros*), die unter dem Dach meiner bergischen Unterkunft nisteten, vermissen, aber ich bin auch glücklich, wieder in meinem eigenen Reich zu sein. Michael wartet schon auf unseren ersten Gartenspaziergang nach meiner kurzen Abwesenheit.

Immer wieder bin ich erstaunt, was sich im HORTVS in so kurzer Zeit alles verändert. Fingen die Kerzen-Knöteriche (*Persicaria amplexicaulis*) und Ligularien (*Ligularia przewalskii*) tatsächlich schon bei meiner Abfahrt an zu blühen? War es wirklich schon so trocken? Die Rasenflächen bereits so sehr vergilbt? Anyhow – wir stürzen uns bei unserem gemeinsamen Spaziergang ins Staudenglück – diesmal sind wir weise genug, mit den Trockenstaudenbereichen in Silber- und Kiesgarten zu beginnen.

Im Silbergarten herrscht das emsige Treiben von erfreulich vielen und erfreulich unterschiedlichen Insekten. Auf die hinreißende,

Der HORTVS ist ein Stadtgarten.
Biodiversität und natürliche
Pflanzenverwendung machen ihn
zur Oase im Großstadtdschungel.

schwefelgelbe Nachtkerze (*Oenothera stricta* 'Sulphurea'), weiße Kronen-Lichtnelken (*Silene coronaria* 'Alba'), alle möglichen Mannstreu-Arten (*Eryngium*), den weißblühenden Akanthus (*Acanthus mollis* 'Jeff Albus'), Dost (*Origanum vulgare*), blühende Hauswurze (*Sempervivum*) und Wolligen Andorn (*Marrubium incanum*) fliegen heute ganz besonders viele Bestäuber.

Eine noch viel längere Insektenpflanzenliste könnte ich nun im Kiesgarten erstellen, doch soll meine Analyse jetzt der Unterschiedlichkeit zwischen Natur- beziehungsweise Kulturlandschafts-Bildern und dem Gartengefüge gewidmet sein.

Wenn die Vegetationsbilder, die wir außerhalb von Gärten entdecken können, ach so wunderschön und dabei auch ökologisch so

Der Echte Dost (*Origanum vulgare*) ist nicht nur ein Klimagewinner, sondern auch eine Nahrungsquelle für Insekten par excellence.

funktional sind, warum übertragen wir die auf der Wanderung gesehenen Pflanzengemeinschaften nicht einfach in den Garten? Diese Frage hat vor mir schon so manchen Gärtner und Botaniker beschäftigt. Aber nur in sehr seltenen Fällen war die stoische Übertragung von natürlichen Pflanzen-Lebensgemeinschaften in den Garten mit Erfolg gekrönt. Warum? Nun, da Naturstandorte oft sehr spezifisch sind (Klima, Boden, Höhenlage) und da Naturbilder meist immer flüchtig sind. Und dies sowohl in Bezug auf ihre (zeitlich manchmal eingeschränkte) Attraktivität als auch auf ihre Standorttreue. Will meinen: Wer von Mai bis Ende Juli durch die deutschen Mittelgebirge streift, wird mit den schönsten Eindrücken belohnt werden – seelenumschmeichelnd und friedvoll. Erwandern Sie doch bitte einmal die gleiche Strecke im September oder im frühen März. Da fallen dann eher die sterbenden Fichtenschonungen ins Auge. Auch ist es fast unmöglich, eine besonders schöne Pflanzenkombination nach einigen Jahren wiederzufinden, denn Naturbilder bewegen sich immer. Jedes Beet, jeder Garten, egal welcher Größe, hat jedoch Grenzen, in denen es die gewünschten Bepflanzungsschemata zu erhalten gilt. Dabei sollte meiner Meinung nach aber jeder Hausgarten rund ums Jahr attraktiv genug sein, sodass der Gartenbesitzer ihn mit stolz geschwellter Brust zu jeder Zeit genießen kann, auch an einem trüben Februartag.

Dass Blüten-Festivals nicht unbedingt nötig für ein herausragendes Gartenbild sind, steht fest. Doch Blüten bieten nun einmal Nahrung für Insekten. Mit einer ausschließlich aus heimischen Pflanzen generierten Gartenbepflanzung komme ich bezüglich des Blütenspektrums jedoch gerade einmal mit einer Handvoll von blühenden Pflanzen bis in den Herbst: Efeu, europäische (meist frühblühende) Astern, Herbst-Zeitlose und nochmals Efeu ... Nur durch ein möglichst biodiverses Pflanzenspektrum, das sich auch aus der Palette besonders früh- und spätblühender Arten anderer Kontinente bedient, kann meines Erachtens die wahrlich wichtige Aufgabe gelöst werden, dass Privatgärten nun endlich der Natur etwas zurückgeben werden. Eigentum verpflichtet nun einmal!

Mit dem Wegfall von immer mehr Restflächen, Feldrainen, Feldhecken und Brachen, aber auch mit dem Verschwinden von bepflanzten Vorgärten, die jetzt als Parkplätze dienen oder zu Geröllwüsten „umgestaltet“ wurden, müssen private Hausgärten zum Ausgleich mindestens doppelt so viel für die Umwelt leisten wie zu früheren Zeiten. Oha, das hört sich nach rigide nach oben gerecktem Schulmeister-Zeigefinger an. Fakt ist jedoch: Wer sich nicht schon jetzt in Untergangsmelancholie ergehen will, kann und muss noch heute etwas ändern. Folgend eine Sommer-Analyse.

NATURBILD VERSUS HORTVS

GEMEINSAMKEITEN

- Im Juli erfreut Mensch und Tier eine unglaubliche Blütenfülle.
- Geschäftiges Treiben von Insekten, Vogelwelt und anderen natürlichen Gartenmitbewohnern.
- Sonnig-trockene Bereiche sehen auch ohne künstliche Bewässerung fabelhaft aus.

UNTERSCHIEDE

- Pflanzenbilder überzeugen in der Natur oftmals erst auf großer Skala – im Garten gelingen sie auch auf deutlich bescheideneren Flächen.
- Nicht-heimische Pflanzen im Naturbild sind meist Neophyten, also eingeschleppte Pflanzen, die heimischen Bewuchs verdrängen (beispielsweise *Impatiens glandulifera, Heracleum mantegazzianum, Solidago canadensis, Fallopia japonica* und Co.).
  Im Garten werden diese mittlerweile von fast jedem Gartenbesitzer postwendend eliminiert.
- Wohl ausgesuchte, nicht-heimische Gewächse in Gärten können die hiesige Artenvielfalt bereichern und sind „draußen“ selten vorzufinden, dabei haben sie kaum bis keine Verdrängungsmechanismen (*Erigeron annuus, Salvia sclarea**, *Silene coronaria, Verbena bonariensis** usw.).
- Offensichtlich attraktive, jedoch stark ausbreitungswütige heimische Gewächse, wie Giersch (*Aegopodium podagraria*) oder Acker- und Zaun-Winde (*Convolvulus arvensis* und *Calystegia sepium*), bereichern sehr hübsch das Naturbild und fehlen in Gärten – besser gesagt, eigentlich sollten sie hier fehlen.
- Das gestaltete Gartenbild ist ein kreativer menschlicher Ausdruck, somit ein jahrtausendealtes Kulturgut.
- Gartenpflegerische Maßnahmen optimieren die Optik vieler Stauden (siehe u. a. Kapitel Mai und Juni, Rückschnitte frühblühender Stauden) und schaffen viel genutzte Brutstätten für Vögel (Hecken, Formschnitte).
- Überkontinentale Artenvielfalt und optimierte Bepflanzungsweisen (siehe „Layering“ im Mai-Kapitel ab Seite 68) erhöhen das Nektar- und Pollenangebot in Gärten beachtlich (im Vergleich zu Mahdwiesen in der Kulturlandschaft).
- Für eine zwölf Monate attraktive Optik müssen Pflegemaßnahmen im Garten zielgerichteter (siehe dieses Buch) als in der Kulturlandschaft sein (heute Morgen wurde gemäht – ach schade, es blühte doch alles gerade so schön!).
- Im HORTVS sind die Wege haustierkotfrei, was nicht nur deutlich ästhetischer ist, sondern auch eine Überdüngung des Bodens verhindert. Auch Haustierurin überdüngt im Übrigen den Boden genauso und hinterlässt zudem oft viele Chemikalien, die das Haustier mitunter durch Medikamente zu sich nehmen muss und in Feld, Flur, Bach und See wieder ausscheidet. Haustiermedikamente sind nicht selten echte Chemiebomben und wahre Umweltkiller.

* *Salvia sclarea* S. 115, 161 *Verbena bonariensis* S. 115

*Eryngium giganteum**

Origanum vulgare

Erigeron annuus

Silene coronaria

Verbena bonariensis

Calystegia sepium

Lotus corniculatus

Berkheya cirsiifolia

* *Eryngium giganteum* auch S. 162

„Wild and wonderful“:
Juli-Ausschnitt aus dem
Kiesgarten im HORTVS

Idealisiertes Naturbild im Privatgarten: das Mittelbeet im HORTVS-Kiesgarten

DER HORTVS IM JULI

Im Silber- und im Kiesgarten ist die Sommerwelt erfüllt von Glück, Schönheit und Artenvielfalt. Mit dem Fortschreiten des Monats verändern sich zwar die Bilder, aber ich erhalte mir und meiner Umwelt durch mein gärtnerisches Geschick die Attraktivität.

Im Wiesengarten (den wir bis dato nur einmal jährlich, nämlich Mitte September gemäht haben) denke ich über meinen bisherigen „Design-Anspruch" der schlichten Wiese nach. Bis auf die Pflanzung von Tausenden von weißen Narzissen (*Narcissus* 'Thalia'*) wollte ich diesen Wiesenkreis auf keinen Fall pflanzlich ergänzen. Die Wiese besteht nämlich ausschließlich aus dem, was sie vor fünfzehn Jahren enthielt – plus einiger Arten, die sich in dieser Zeit dort natürlich etabliert haben. Viel ist nicht hinzugekommen: Neben verschiedensten Gräsern gab es anfänglich hier nur Sauerampfer (*Rumex acetosa** und *Rumex acetosella*) und Butterblumen (*Ranunculus repens* und *Ranunculus acris*). Meine Hoffnung, dass sich durch „Nichtstun", also nur einmal jährlich mähen und Baumsämlinge entfernen, eine artenreiche Wiesengesellschaft einstellen würde, wurde nicht erfüllt – wie auch? Hinzugekommen sind seit dem lediglich Sternmiere (*Stellaria*) und Hornklee (*Lotus corniculatus**).

Lythrum salicaria 'Swirl'

Jetzt, nach nahezu fünfzehn Jahren, denke ich aber stark über eine Optimierung des Wiesenkreises als reichhaltige Lebensgemeinschaft nach. Nach der diesjährigen Mahd werde ich eine Vielzahl von heimischen und europäischen Wiesenstauden dort hinzufügen und beobachten, welche Pflanze den Standort langfristig toleriert. Die Verwendung von europäischen und hiesigen Gewächsen ist mir an diesem Ort im HORTVS wichtig. Denn hier möchte ich noch mehr hochangepasste Lebewesen unserer Region fördern. Das heißt, nicht nur die Generalisten im Tierreich zu bedienen, sondern auch die immer seltener werdenden Spezialisten. Wussten Sie, dass es oligolektische, also streng auf nur eine Pflanzenart spezialisierte Wildbienen gibt, wie zum Beispiel *Melitta nigricans*, die sich ausschließlich auf Blutweiderich (*Lythrum*) spezialisiert hat?

Zur Zeit erfreue ich mich erst einmal am blütenreichen Juli-Garten, hoffe darauf, dass die Temperaturen nicht noch weiter steigen, und auf einen Wetter-gnädigen August. Dabei habe ich den Kopf bereits voller Pflanzmöglichkeiten für den Herbst.

* *Narcissus* 'Thalia' S.30 *Rumex acetosa* S. 87 *Lotus corniculatus* S. 107

Heimische Wildpflanzen, wie die Große Klette (*Arctium lappa*), werden in Ziergärten als auszurottendes Unkraut angesehen. Mich fasziniert nicht nur ihr Nutzen für Wildtiere, sondern ebenso ihre oft unterschätze Schönheit. Der Waldgarten im HORTVS ohne *Arctium lappa* – unvorstellbar!

PRAXIS / PFLEGEMASSNAHMEN IM JULI

Je nach Jahr schneide ich Halbsträucher (*Santolina*) oder Lavendel bereits im Juli, um neues Wachstum zu generieren.

Das „Aufasten" von Bambussen verspricht grafische Gartenbilder.

Die Blütenstiele von einigen (Mittelmeer-) Euphorbien werden nach der Blüte bis tief unten herausgeschnitten.

Gute Katzenminze-Sorten, wie *Nepeta* 'Walker's Low'*, *N.* 'Bramdean' oder *N.* 'Grog', haben nun ihr erstes (seit Mai währendes) Blütenfeuerwerk abgeschossen. Ein Rückschnitt zur Hälfte und eventuell leichte (Flüssig-)Düngergaben garantieren eine zweite Blüte bis zum Herbst.

Schon jetzt selektiere ich Staudenfruchtschmuck: Alle durch Wind und Regen schief gewordenen Fruchtstände von *Verbascum*, *Agastache*, *Angelica* und Co. schneide ich heraus, der Rest verschönert bis zum nächsten Frühjahr das Gartenbild.

Tanacetum und *Gypsophila* und *Erigeron karvinskianus* blühen nach einem leichten Rückschnitt und nach eventuellen Wasser- und Düngergaben bis zum Saisonende.

Gelb gewordene Frühlingsprimeln (etwa *Primula veris*) können nun bis zum Boden heruntergeschnitten werden.

Hohe (meist ausläufertreibende) Arten von Bambus, zum Beispiel *Phyllostachys*-Sorten, können nun aufgeastet oder auch als Hecke geschnitten werden (nur bei bedecktem Himmel und bei ausreichender Bodenfeuchtigkeit!).

Unkraut- und Staudensämlinge sind weiterhin auf dem Vormarsch: Zur Erhaltung des Gesamtbildes ist auch die Kontrolle unter größeren Gewächsen unumgänglich.

Einige immergrüne Wolfsmilch-Arten (*Euphorbia characias*, *E. myrsinites*, *E. amygdaloides*, *E.* × *martinii*) sind nun ausgeblüht. Die verblühten Stängel schneide ich komplett bis zum Boden (Vegetationsansatz) heraus, um den bereits vorhandenen Neutrieben Luft zu machen.

Stauden sowie Ein- und Zweijährige mit guter Wintersilhouette können ab Mitte Juli im Blattwerk schwächeln. Daher entferne ich alle gelb gewordenen Blätter von *Verbascum*, *Papaver* oder *Onopordum*.

* *Nepeta* 'Walker's Low' S. 64

Eingetrocknete Staudenstängel können aktiv das Gartenbild verbessern.

Bei winterharten Yucca (etwa *Yucca filamentosa*) entferne ich die verblühten Stiele inklusive der hierzu gehörenden Blattrosette.

Einjährige Ruderalkräuter, wie Klatschmohn (*Papaver rhoeas*) oder Roter Fingerhut (*Digitalis purpurea*), sind an sonnig-trockenen Stellen bereits eingetrocknet und haben ihr Saatgut für das nächste Jahr verstreut. Da ihre Überreste wenig Zierwert haben, entferne ich sie, um anderen Pflanzen mehr Raum zu geben.

Nun ist bei einigen Gehölzen ein zweiter Copicing-Schnitt möglich, beispielsweise bei *Cotinus**.

* *Cotinus* S. 38

SOMMER / AUGUST

AUGUST

Auch wenn der August nicht zu meinen Lieblingsmonaten im HORTVS gehört, lassen sich überall poetisch schöne Gestaltungs-Vignetten finden.

Meine Juli-Gebete an den Wettergott werden nun schon seit drei Jahren nicht erhört. Dieser statistisch für unsere Region regenreiche Monat verabschiedet sich staubtrocken mit erneuten Hitzerekorden und einem einzigen, halbstündigen Gewitter. Der Deutsche Wetterdienst maß 2019 in unserer Region über 41 °C. In solchen Zeiten müssen selbst wir die Beete künstlich bewässern (mit Ausnahme des Kies- und des Silbergartens). Hortensien, Rodgersien, Funkien, Straußenfarne und Co. können wir nur an den schattigsten Stellen des Gartens mit viel Wasser retten. Alle halbschattig stehenden Waldsaumpflanzungen sind 2019 trotz Wassergaben gnadenlos in der Hitze verbrannt. Gehölze starben uns unter der Hand weg, und was nicht starb, erlitt zum Teil starke Verbrennungen. Natürlich müssen wir unsere Produktionsgärtnerei am Leben halten – hier lief das Wasser fast durchgehend. Dann am Abend des sechsundzwanzigsten Juli das besagte „Gewitterchen" – klein und hinterhältig. Ganz lokal fegte eine Mini-Gewitterzelle über den HORTVS und wirbelte, brach, zerzauste und verletzte alles, was ihm im Wege stand. Selbst der besonnene Michael war bleich vor Schrecken. Regen fiel dabei kaum – danach: ein sommerlicher Garten-Scherbenhaufen …

Nach intensiven Aufräum- und müden Schadenvertuschungsmaßnahmen (stäben, anbinden, einkürzen) versuche ich dann diese immer häufiger werdenden Gartenunwegsamkeiten nicht allzu emotional zu nehmen. Ich betrachte die Fotos, die Jürgen Becker hier vor vier Jahren im August machte, und ich bin fassungslos, wie schön mein Garten sein kann. Und das, obwohl der August wahrlich nicht zu meinen Lieblingsmonaten zählt.

Auch Beth Chatto empfand den August stets als ein wenig trüb. Das verstand ich anfänglich nicht so recht, denn die Sonne schien nun auch in England und vieles blühte, dabei gab es deutlich weniger zu tun. Aber tatsächlich, der August hat mitunter seltsame Farben. Das oft gleißende Licht raubt die eigentlichen Farbharmonien – nur früh morgens und abends ist es deutlich besser. Staub legt sich in manchem Jahr über Wochen wie ein mattierender Filter über den Garten. Hinzu kommt, dass nun die allermeisten grünlaubigen Pflanzen (allen voran die Gehölze) sich in nahezu dem gleichen Grünton geben. Das wird sich erst wieder im September bei beginnender Herbstfärbung ändern. Und wenn dann auch noch die ersten Wiesen gemäht sind, dann kann es im August tatsächlich „dull" werden, wie sich Beth ausdrückte.

Obwohl das August-Licht gelinde gesagt „schwierig" ist, sind meine Morgenspaziergänge von Gartenglück begleitet.

Ein probates Mittel, der August-Trübsal im Garten entgegenzuwirken, ist der Einsatz von sommerblühenden Zwiebelpflanzen, spätblühenden Ein- und Zweijährigen und nicht frostharten Gewächsen mit Hochsommeraspekten. In diesen drei Gartenpflanzen-Gruppen lassen sich etliche Gartenklassiker finden, wie beispielsweise Lilien, Stockrosen und Dahlien. Viele dieser Gewächse umweht nach wie vor ein Hauch der Spießigkeit. Zudem haben dichtgefüllte Stockrosen (*Alcea rosea* 'Chater's Double Group'), Pompondahlien und Pelargonien so gut wie gar keinen ökologischen Wert. Auch hier hilft Logik weiter. Ich nutze weiterhin den gestalterischen Impact dieser späten Gartenhelden, setze jedoch ausnahmslos auf ungefüllte Sorten. Solche natürlichen Formen sind auch oftmals robuster und ausdauernder.

Die konkurrenzstarke Lilienhybride 'Black Beauty' setzt sich hier selbst gegen wüchsige Straußenfarne (*Mattheuccia struthiopteris**) durch.

* *Mattheuccia struthiopteris* auch S. 200

MEINE AUGUST-HELFER NACH GRUPPEN

1 / SOMMERBLÜHENDE ZWIEBELPFLANZEN

LILIEN fand ich früher entsetzlich im Garten (zu großblumig, zu flatschig, zu kompliziert). Das kann ich mir heute kaum noch vorstellen. Denn im wahrhaft riesigen Liliensortiment kann man mit Leichtigkeit viele wohlproportionierte, natürlich elegante und robuste Arten und Sorten finden. Zu meinen Favoriten gehören sicherlich diese:

- *Lilium henryi*: gesund, hoch – wie kleine Bäume, leuchtend orange
- *Lilium lancifolium*: wie die erste, nur etwas dunkler gefärbt mit schönen Punkten auf den Blütenblättern und mit Tochterbulben
- *Lilium sargentii*: sehr elegante, cremeweiße Trompetenblüten, die außen pastellig überhaucht sind – unkompliziert im Sonnenbeet
- *Lilium candidum:* steht in unserem Kiesgarten seit über zehn Jahren und blüht in reinem Weiß
- *Lilium regale*: mit feinem Laub, über dem die außen rötlich gefärbten, weißen Blüten stehen, funktioniert auch gut in Töpfen mit *Erigeron karvinskianus* als Unterpflanzung
- *Lilium majoense*: Ein seltenes Juwel für den Waldsaum mit creme-grünen Blüten die purpurn getuscht sind.

Und ganz zum Schluss meine bereits im Juni/Juli blühende Lieblings-Lilie:

- *Lilium martagon*: für mich die schönste, doch leider mag diese kalkliebende Einheimische unseren sauren Sand nicht besonders und wird immer weniger – mit ihren ebenfalls sehr eleganten Hybriden habe ich jedoch großen Erfolg!

Lilium candidum

Lilium henryi

Crocosmia × crocosmiiflora

MONTBRETIEN (*Crocosmia*) liebte ich schon immer, fürchtete mich jedoch lange vor nicht ausreichender Winterhärte. Tief genug in gut drainierten Boden gepflanzt, kommen diese feurigen Sonnengewächse jedoch zuverlässig wieder und breiten sich von Jahr zu Jahr ein Stückchen mehr aus. Besonders gute Erfahrungen habe ich mit folgenden Sorten gemacht:

- *Crocosmia* 'Lucifer': besonders hoch und feurig rot
- *Crocosmia* 'Fire King': ähnlich wie 'Lucifer', doch in allen Belangen zarter und deutlich niedriger, reichblütig
- *Crocosmia* 'Emily McKenzie': mittelhoch mit herrlichen Bicolor-Blüten in Orange und Rot
- *Crocosmia* 'Paul's Best Yellow': die beste Gelbe!

Eucomis pole-evansii

SCHOPFLILIEN (*Eucomis*) gelten als nicht winterhart. Auf gut drainierten Böden und besonders tief gepflanzt lasse ich alle meine Schopflilien im Winter im Boden, und sie kommen alle sensationell wieder. Mein bedingungsloser Favorit ist die riesige *Eucomis pole-evansii*, die sich bei uns sogar zaghaft versamt. Vorsicht: Schopflilien treiben spät aus (nicht vor Ende Mai) und wollen, wenn sie noch nicht ausgetrieben sind, auf keinen Fall Gärtnerfüße auf sich stehen haben!

DAHLIEN (*Dahlia*): Hier mag ich alles, was ungefüllt und natürlich daherkommt. Im riesigen Farbspektrum des Sortimentes ist die Auswahl reine Geschmackssache. Und bei einigen Wildarten, wie *Dahlia merckii,* kann man sich sogar die übliche Keller-Überwinterung sparen, da sie mit einer schützenden Mulchabdeckung (nach dem ersten Frost und nach ihrem Rückschnitt auf den Pflanzbereich aufgebracht) erstaunlich gut winterhart sind.

Ein hübscher – und bienenfreundlicher, da ungefüllter – Dahliensämling aus dem HORTVS

2 / SPÄTBLÜHENDE EIN- UND ZWEIJÄHRIGE

Ganz besonders schätze ich SCHMUCKKÖRBCHEN (*Cosmos bipinnatus* und *Cosmos sulphureus*) in all ihren verschiedenen Sorten, nur un- oder halbgefüllt müssen sie sein. Wer schöne, große Pflanzen haben möchte, die bis in den Herbst hinein blühen, darf nicht auf blühende Fertigware aus dem Zierpflanzenbau zurückgreifen. Da diese in der Regel „gestaucht", also künstlich vom Höhenwachstum abgehalten wurden, bleiben sie klein und gedrungen bis zum Schluss – das kann für Töpfe und Kästen mitunter okay sein, sieht im Garten jedoch fragwürdig aus. Besser also frühzeitig aussäen!

Cosmos sulphureus

Nicotiana tabakum

Z I E R T A B A K (*Nicotiana*) ist fantastisch! Ab Juli blühen diese in den Abendstunden oft herrlich duftenden Nachtschattengewächse ohne Unterlass. Im HORTVS mag ich besonders die reinweiße *Nicotiana sylvestris*, grünblütige *N. knightiana* und *N. middendorffii* sowie die hinreißend vielfarbige *N. mutabilis*.

Helianthus anuus 'Ring of Fire'

Einjährige S O N N E N B L U M E N (*Helianthus annuus*) bringen hochsommerliche Üppigkeit und unweigerlichen Cottagegarten-Stil.

R I Z I N U S (*Ricinus communis*) ist hochgiftig und hochattraktiv! Die streng genommen mehrjährige Pflanze wird bei uns jedoch wie eine Einjährige kultiviert. Dunkellaubige Auslesen gefallen mir besonders.

Tithonia rotundifolia

T I T O N I E N (*Tithonia rotundifolia*) kenne ich noch aus der Gärtnerei meiner Großmutter und bin erstaunt, dass diese zinnoberrote, riesenhafte Einjährige aus Mexiko kaum noch verwendet wird. Sie passt hervorragend in tropisch anmutende Bepflanzungen mit sehr hohen Gräsern, Mexiko-Salbei-Arten und Fackellilien.

Amaranthus cruentus 'Velvet Curtains'

AMARANT (*Amaranthus*) musste ich für mich erst wiederentdecken. Mittlerweile liebe ich alle angebotenen Samensorten und setze sie mal mehr, mal weniger im Garten ein. Manchmal keimen sogar Pflanzen an Ort und Stelle des letztjährigen Standortes, in der Regel säen wir sie jedoch gezielt im Treibhaus aus und pflanzen ab Mitte Mai ins Freiland.

Ricinus communis

3 / NICHT-FROSTHARTE SOMMERGÄSTE

AGAVEN (*Agave*) Ich gebe es zu, ich habe eine ausgesprochene Schwäche für Agaven. Der ökologische Wert dieser wehrhaften Rosetten-Sukkulenten tendiert hierzulande stark Richtung Null. Für mich sind es Skulpturen. Mächtige und aussagekräftige Kunstwerke, die meinen flirrenden HORTVS-Stil oftmals zum Halten bringen. Sie bringen Ruhe, Verblüffung und Dramatik in den Garten. Im Kiesgarten senke ich die Pflanzen samt Topf in den Boden ein, sodass es wie gepflanzt aussieht und überwintere sie trocken und kühl (aber frostfrei) im Glashaus. Aufgestellt zwischen meiner großen Hauswurzsammlung (*Sempervivum*, *Jovibarba* und *Orostachys*) ist ihr Effekt ebenso umwerfend, da sie auf so befremdlich-überdimensionierte Weise die Grafik der Semperviven exakt wiederholen. Leider gibt es unendlich viele Agaven-Arten und -Sorten. Die Suchtgefahr ist somit enorm.

SCHMUCKLILIEN (*Agapanthus*) Das unempfindliche südafrikanische Blütenwunder ist ein Hit! *Agapanthi* sind einfach zu kultivieren, blühen reich und zuverlässig (hier laben sich dann auch heimische Insekten). Sie sind nicht direkt über fehlende Zuwendung gekränkt und können leicht überwintert werden (meine *Agapanthus*-Töpfe kauern des Winters ganz genügsam unter den Gewächshaustischen). Lohnenswert sind aber auch Auspflanzversuche. Viele der von mir im Kiesgarten ausgepflanzten Exemplare gedeihen auch ohne riesige Winterschutzmaßnahmen seit Jahren im Freiland. Dabei sind schmallaubige, laubabwerfende Arten tendenziell frosthärter.

Agapanthus Headbourne hybrids

Die Agavenpracht in Beth Chattos Kiesgarten hatte mich anfänglich verwirrt, heute verstehe ich ihre Liebe für „Dramatic Plants".

Die rotlaubige Zierbanane *Musa ventricosa* 'Maurellii' im warmen Haus zu überwintern ist sehr aufwendig: Sie sollte winters kopfüber gelagert werden. Ziergarten-Elysium oder ökologischer Nonsens ...

Echium nervosum ist ein prächtiger Natternkopf, der noch im späteren Sommer exaltierte Kontraste zwischen das Patagonische Eisenkraut (*Verbena bonariensis*) streut. Er ist nicht winterhart, doch zu schön, um ihn zu missen ...

KANARISCHE NATTERNKÖPFE Unser heimischer Natternkopf (*Echium vulgare*) darf in keinem sonnigen Garten fehlen. Sein intensives Blau und sein reichliches Angebot an Nektar und Pollen ziehen Insekten magisch an. Seine kanarischen Verwandten tun dies ebenso, nur auf einer deutlich größeren Skala. Da sie nicht winterhart sind, pflanze ich meine *Echium pininana* und *Echium nervosum* jedes Jahr im Frühling in den Kiesgarten, wo sie über Monate blühen. Im Herbst wandern sie zurück in einen Topf zur frostfreien Überwinterung. Dabei wähle ich Töpfe, die gerade ausreichend groß genug für sie sind. Die Blattmasse reduzieren wir mindestens um die Hälfte. Die nächsten vier Wochen im Treibhaus sehen die Pflanzen aus, als ob sie sterben würden. Aber dann machen sie (auch im Winter) neue Wurzeln und treiben neues Laub. *Echium* sind daher auch im Winter relativ durstige Geschöpfe. Im Frühjahr sehen sie wieder prächtig aus und wandern zurück ins Beet.

Echium nervosum ist besonders langlebig und wird von Jahr zu Jahr schöner. *Echium pininana* ist monokarpisch (stirbt nach dem Blühen also komplett ab). Da sie bei uns drei bis vier Jahre bis zur Blüte brauchen, erfreue ich mich in der ersten Zeit an den wunderbar dekorativen Blättern und in ihrem letzten Lebensjahr an einer spektakulären (hierzulande nur) drei Meter hoch werdenden Blütenkerze in Himmelblau.

In den letzten beiden heiß-trockenen Jahren waren die Pflanzung und das Etablieren dieser sonst so einfach zu kultivierenden Saison-Arten eine Herausforderung. Frisch Gepflanztes bedarf nun einmal einer steten Feuchtigkeitskontrolle. Durch eine leicht tiefere Einpflanzung, sehr reichliches Anwässern plus zusätzlicher Mulchschicht gelang der Sommerschmuck jedoch einigermaßen zufriedenstellend. Natürlich ist der Aufwand zur Kultivierung all dieser herrlichen, nicht frostfesten Hochsommer- und Saisongäste verzichtbar – deutlich schöner ist es, wenn man seinen Garten mit ihnen bereichert.

Ungeachtet dessen bringt das Pflanzen-Kaleidoskop im HORTVS nach wie vor neue Zusammenstellungen, Farbkompositionen und Volumina hervor. Manches Gewächs, das zuvor szenenbestimmend war, tritt nun (nach den sommerlichen Pflegeschritten) „sophisticated" aus dem Rampenlicht heraus – *Euphorbia characia* ssp. *wulfenii* etwa oder die nun erneut in ruhigem Grün neu ausgetriebenen Frühsommerstaudenflächen (*Geranium*, *Geum*, *Tellima* und Co.).

PRAXIS / PFLEGEMASSNAHMEN IM AUGUST

Junge Lavendelpflanzen sollten spätestens Anfang August stark zurückgeschnitten werden (auch wenn sie noch Blüten tragen!).

Von winterharten Fuchsien nehme ich im August Stecklinge zur Vermehrung.

Der Schnitt älterer Lavendel und anderer mediterraner Halbsträucher ist am einfachsten mit einer Handheckenschere zu bewerkstelligen.

Die Blütenstiele frühblühender *Hosta*-Sorten sind nun welk; unansehnliche Reste schneide ich im August möglichst tief unter dem Laub heraus.

Einige *Gypsophila*-Sorten (besonders von *Gypsophila repens*) treiben einen zweiten Blütenflor, wenn sie im August auf etwa ein Drittel eingekürzt und nachgedüngt werden.

Bis Ende August sollten alle Lavendel und *Santolina** geschnitten sein.

Je nach Wildwiesentyp wird im August ein erstes oder zweites Mal gemäht. Herbstblühende Geophyten, wie *Colchicum**, *Sternbergia* oder Herbst-Krokusse wollen im August gepflanzt werden.

Neupflanzung empfindlicher Lilienarten (beispielsweise *Lilium candidum** oder *Lilium martagon*).

Von frostempfindlichen Gartenschätzen, wie *Pelargonium* und *Fuchsia,* lassen sich im August bestens Stecklinge nehmen, um sie für die nächste Gartensaison frostfrei zu überwintern.

Um das Blütenwachstum anzuregen und zur Reduktion schneide ich nun den Neuaustrieb meiner Blauregen (*Wisteria*). Als Faustregel gilt: etwa zwei bis drei neue Blätter pro Trieb stehen lassen.

Ramblerrosen dünne ich im August aus (einen Teil der älteren Triebe) und kürze, falls nötig, den Neuaustrieb ein.

Dickmaulrüssler-gefährdete Pflanzen (besonders in der Topfkultur) schütze ich erneut im August durch Ausbringen von Nematoden (an einem feuchten, bedeckten Tag, am besten, wenn es an den Folgetagen regnen soll).

Der August ist der beste Pflanzzeitpunkt für *Cyclamen hederifolium**.

Samenernte von Ein- und Zweijährigen (beispielsweise *Papaver, Eschscholzia, Dipsacus*) und Stauden.

* *Santolina* S. 122 *Lilium candidum* S. 131 *Colchicum* S. 185 *Cyclamen hederifolium* S. 294

Im sogenannten „Entdeckergarten" des HORTVS' stehen so viele Pflanzenschätze, dass ich es ab August nicht verpassen darf, Saatgut für die kommenden Jahre zu ernten.

Regelmäßiges Ausputzen und, falls nötig, Einkürzen von Dahlien erhält ihre Blühfreudigkeit bis zu den ersten Frösten.

Wassermanagement im Garten: Besonders in Schattenpartien unter Bäumen kann es nun so trocken werden, dass zusätzlich bewässert werden sollte.

Der erste Anklang des Herbstes
im Feuchtgarten des HORTVS

HERBST / SEPTEMBER

SEPTEMBER

Die prächtige Herbstfärbung der Kupferfelsenbirne (*Amelanchier lamarckii*) verschob sich in den letzten Jahren immer weiter nach vorn. In besonders warm-trockenen Jahren setzt der Laubabwurf bereits im August ein.

Hermann Hesses elegisch verklärtes Herbstgedicht „September" müsste bei uns im Rheinland eigentlich „November" heißen; zumindest was den Zustand der im Gedicht besungenen Natur (in normalen Jahren) anbelangt. Denn mein rheinischer Septembergarten strotzt doch im Normalfall nur so vor septemberlicher Pflanzenpracht und Energie. In den letzten Jahren, beginnend mit 2018, gab sich der HORTVS durch regelmäßige Hitze und Trockenheit im Hochsommer hingegen schon Anfang September deutlich herbstlicher als normal. Unsere Felsenbirnen (*Amelanchier lamarckii*), deren kupferflammendes Herbstkleid sich eigentlich erst Ende September hinter voll erblühten Asternwolken und vor dem klaren Blau des Frühherbsthimmels abheben sollte, sind nun oft bereits Mitte August kahl. Im Waldgarten muss ich jetzt regelmäßig auf die bernsteinleuchtenden Federwogen spätherbstlicher Strauß- und Perlfarnwedel (*Mattheuccia* und *Onoclea*) verzichten. Diese feuchtigkeitsbedürftigen Farne verbrennen schlichtweg in zu großer Sommerhitze und Trockenheit. Wir haben die eingetrockneten, tabakbraunen Farnblätter schweren Herzens bereits Anfang August entfernen müssen. Beispiele dieser Art gibt es nach den erneuten Stresssommern en masse. Sicherlich, der HORTVS birgt immer noch unendlich viele Kombinationen und Gestaltungen, die wonnehafte Gartenspaziergänge ermöglichen. Doch wenn ich Fotos aus früheren Jahren zur Hand nehme, wird mir hier und dort dann doch ein wenig schwer ums Herz. Mit Abstand am zuverlässigsten sind ausgerechnet alle meine Trockenheitspflanzungen. Also der Kies- und der Silbergarten, der experimentelle Entdeckergarten, aber auch die Flächen im oberen Waldgarten, in denen ich von Anfang an auf Gewächse für den trockenen Schatten zählte.

Schwieriger sieht es in Bereichen des Feuchtgartens (der mittlerweile eben keine zuverlässige Sommerfeuchtigkeit mehr bietet) und im unteren, „feuchten" Waldgarten aus. Doch die mit Abstand am meisten gebeutelten Flächen sind die sonnenexponierten Rasenpartien meines Gartens.

Um einer Zukunft, die mit Wetterkapriolen ganz gewiss nicht geizen wird, direkt in die Augen zu schauen, setze ich mich an den Planungstisch und denke neu.

Bei meiner Konzeptarbeit der Jahre 2018 und 2019 handelte es sich insbesondere um zwei prägnante Bereiche, die auf leichtem Sandboden und ohne Zusatzbewässerung als Rasenfläche mittlerweile illusorisch sind: zum einen ein Verbindungsstück zwischen Silber- und Kiesgarten, des Weiteren die ganztägig besonnte Rasenseite, welche unseren Wiesenkreis nördlich umgibt.

In beiden Teilstücken funktionierte der Rasen selbst in durchschnittlichen Jahren nur so gerade eben. Nach wiederholten Totalausfällen des kurz geschorenen Grüns haben wir hier zunächst mehrfach die verbrannten Rasenflächen saniert und auf eine „Normalisierung" des Wetters gehofft. Beim Schreiben dieses Satzes muss ich über mich selbst schmunzeln: Ich hatte also viel Arbeit und

Aufwand investiert, da ich auf eine „Normalisierung“ des Klimawandels hoffte?! Wie dem auch sei, die Feuerprobe der letzten Sommer konnten diese erneuerten Rasenflächen natürlich nicht in Ansätzen bestehen. Also musste für diese Bereiche jeweils ein neues Konzept her, das auch ohne Zusatzwasser überzeugen kann und der Gesamtplanung nicht abträglich ist.

Das Rasenzwischenstück, welches den Silbergarten mit dem Kiesgarten verbindet, stellte (in guten Jahren) eine schlichte, grüne Passepartoutfläche zwischen den beiden Steppenpflanzungen dar und erhöhte den Gestaltungseffekt.

Und zum anderen die nördliche (vollsonnige) Raseneinfassung unseres Wiesenkreises, die ebenfalls als ruhige Einrahmung gedacht war.

Wie in jeder Gartenplanung beginne ich mit der Analyse der umzugestaltenden Flächen (Grundgegebenheiten, Bodengefüge, Nutzungsintention, späterer Pflegeaufwand etc.). Dann erarbeite ich für jeden Bereich eine stilistische Zielsetzung (was in diesem Fall besonders knifflig war, denn die Ursprungsplanung war ja optisch perfekt – wenn sie denn funktioniert hätte ...).

Die Rasenfläche zwischen unserem Corten-Stahl-eingefassten Silbergarten und dem Kiesgarten muss wegen der immer trockener werdenden Sommer weichen. Mein neues Konzept soll ohne Zusatzbewässerung auskommen und greift die Farbigkeit des korrodierten Stahls auf.

UMGESTALTUNG DES VERBINDUNGSBEREICHES ZWISCHEN SILBER- UND KIESGARTEN

Flächengröße ca. 250 qm, sandiger Untergrund, vollsonnig

Aus praktischen, aber auch aus pflegetechnischen Gründen möchte ich mir hier – zumindest in Teilen – eine gute Begehbarkeit und die Möglichkeit des regelmäßigen Mähens mit dem Rasenmäher erhalten. Hinzu sollen einige Pflanzinseln kommen. Da der Silbergarten mit einer 50 cm hohen Corten-Stahl-Kante eingefasst ist und eine zwei Meter hohe Wand aus dem gleichen Material als Abschluss hat, lag die Idee nahe, als Thema für die neue Bepflanzung die Farbigkeit des korrodierten Metalls auf die Pflanzenauswahl zu übertragen. Also Braun oder, besser gesagt, Bronze. Das Rasenzwischenstück, das bis dato namenlos war, wird nun zu meinem neuen Bronze-Garten werden.

Nach der Konzeption der Flächenaufteilung übertrage ich die neuen Pflanzbereiche (etwa ein Drittel der Fläche) auf die Gesamtfläche. Die Formgebung der angedachten Inselbeete ist organisch. Ovale und Nierenförmige Teilflächen „fließen" in die rechtwinklige Ausgangssituation. Nur diese für höhere Gewächse vorgesehenen Flächen werden von der Grasnarbe befreit, tiefgründig umgegraben und mit einer guten Gabe von „Bodenaktivator" und Urgesteinsmehl für die Neupflanzung versorgt.

Alle dazwischenliegenden „Rasen"-Flächen mähe ich so tief es geht herunter und vertikutiere das verbliebene Gras zweimal in gegenläufiger Richtung. Nach dem Entfernen des Schnittgutes erfolgt auch hier eine Bereicherung mit den oben genannten Hilfsstoffen.

Da die Gesamtfläche offen und sonnig bleiben soll, habe ich nur ein einziges größer werdendes Gehölz eingesetzt: eine besonders elegante Form der Immergrünen Magnolie (*Magnolia grandiflora* 'Blanchard'), die ihre herrlich leuchtend-kupferfarbenen Blattunterseiten ganzjährig präsentieren wird.

Alle Inselbeetbereiche erhalten nach abgeschlossener Bepflanzung eine mineralische Mulchabdeckung aus Grauwackeschotter (8–16 mm) in einer Auftragsstärke von etwa sechs bis acht Zentimetern.

Für die Inselbeete habe ich eine Pflanzliste erstellt, die ich auf der nächsten Seite vorstelle.

Die Blattunterseiten von *Magnolia grandiflora* 'Blanchard' spiegeln exakt den Farbton von Corten-Stahl.

Die Farbe von rostigem Stahl ist in Borken und Blättern von einigen Pflanzen zu finden.

Klar und grafisch strukturiert gab sich bis dato der Übergang zwischen Silber- und Kiesgarten. (Das untere Bild zeigt den ruhigen Zwischenraum zu feuchteren Jahren.) Die Rasenfläche zwischen den beiden Gartenteilen war ein grünes Passepartout. Oben sieht man den gleichen Gartenteil während der Umgestaltung: Die Pflanzflächen für bronzelaubige Pflanzen sind fertig, Mineralmulch-Abdeckungen und die Pflanzung mähbarer Bodendecker in die Grasnarbe stehen noch aus.

Pseudopanax ferox

Tulipa orphanidea Whittallii Group

Eremurus stenophyllus

Libertia peregrinans

Fritillaria michailovskyi

Muehlenbeckia astonii

Carex buchananii

PFLANZENLISTE FÜR DIE INSELBEETE

GERÜSTBILDNER

- Strauchige Muehlenbeckie (*Muehlenbeckia astonii*)
- Whipcord Heben (z. B. *Hebe ochracea*)
- Blattschmuck-Rhododendron (*Rhododendron pachysanthum*) im Schatten der Immergrünen Magnolie
- *Pseudopanax ferox*, *Phormium tenax*, *Cordyline*, *Sophora microphylla* und einige weitere Neuseelandgewächse als Versuch (Winterhärte grenzwertig)
- *Libertia peregrinans*
- *Aloe striatula* (die bis minus 8 Grad gut winterhart sein soll)

STAUDEN

- *Euphorbia* 'Cherokee'
- *Geranium phaeum* 'Samobor' und *Heuchera villosa* 'Bronze Beauty' (nur an schattigen Stellen)
- *Heuchera* 'Brownfinch'
- maronenfarbene *Helleborus* × *hybridus*
- *Cryptotaenia japonica* 'Atropurpurea'
- *Rumex flexuosus*
- *Arthropodium candidum*
- *Sempervivum* 'Bronze Pastell' und *Sempervivum marmoreum* 'Brunneifolium'
- *Digitalis parviflora*
- *Foeniculum vulgare* 'Atropurpureum'
- verschiedene Fetthennen

GEOPHYTEN

- *Tulipa orphanidea* Whittallii Group
- *Crocus chrysanthus* 'Advance'
- *Eremurus stenophyllus*
- *Bellevalia pycnantha* 'Green Pearl'
- *Iris reticulata* 'J. S. Dijt'
- *Fritillaria michailovskyi*
- *Allium amethystinum* 'Red Mohican'

GRÄSER

- *Chionochloa rubra*
- *Carex petriei*
- *Carex buchananii*
- *Carex comans* 'Bronze Form'
- *Miscanthus* 'Ghana'
- *Schizachyrium scoparium*

EINJÄHRIGE

- *Cerinthe major*
- *Amaranthus cruentus* 'Hot Biscuits'

Im vollsonnigen, heißen Bereich nördlich unseres Wiesenkreises war die Rasenfläche vor den Pflanzbeeten nicht mehr realistisch – neue, bewässerungsfreie Konzepte mussten her.

In die entsprechend vorbereiteten Rasenrestflächen pflanzen wir eine Auswahl an trittfesten, mähbaren Bodendeckern direkt in die aufgerissene Grasnarbe. Ich versuche es zunächst mit einer Pflanzendichte von drei bis fünf Stück (Gesamtzahl) pro Quadratmeter in gleichen Anteilen folgender Gewächse:

- *Leptinella squalida* 'Platt's Black'
- *Acaena microphylla* 'Kupferteppich'
- *Trifolium repens* 'Purpureum'
- *Ajuga reptans* 'Chocolate Chip' und 'Atropurpurea'

Nach der Rasenpflanzung wird hier mit Grauwacke-Brechsand abgesandet.

Die (bis dato von mir noch nicht erprobte) Idee, die hinter dieser Kombination von Rasen und Bodendeckerpflanzen steckt, ist einerseits die Hoffnung auf weiterhin gute Mäh- und Begehbarkeit, aber auch die Theorie, dass sich diese Fläche in der Zukunft wetterbedingt stets unterschiedlich ausprägen wird. Theoretisch sollten in trockenen Jahren die Kräuter, in feuchteren das verbliebene Gras die Oberhand gewinnen. Ob dies so gelingen kann, wird die Zeit zeigen – ein weiteres HORTVS-Experiment.

Acaena microphylla 'Kupferteppich'

Ajuga reptans 'Atropurpurea'

UMGESTALTUNG DER NÖRDLICHEN RASENEINFASSUNG UNSERES WIESENKREISES

Flächengröße ca. 400 qm, sandiger Untergrund, vollsonnig, äußerst nährstoffarm, regelmäßiger Hitzestau ab mittags

Da die Bedingungen für Pflanzen an dieser Stelle des HORTVS' sogar noch unwirtlicher als im zuvor beschriebenen Rasenzwischenstück sind, verzichte ich hier ab jetzt auf mähbare Flächen und bepflanze die gesamte ehemalige Rasenfläche neu. Die Bepflanzungsintention ist neben der standortgerechten Auswahl stresstoleranter Trockenheitskünstler eine Hinwendung zu dem, was hier (laut Kartierung des Hildener Stadtarchives) bis etwa zur Mitte des neunzehnten Jahrhunderts als Vegetationsbild vorherrschte, nämlich Heidelandschaft.

Da sich in den letzten einhundertfünfzig Jahren das Klima messbar verändert hat und ich meine Forschung an trockenheitsresistenten Pflanzkombinationen für den Hausgartenbereich vorantreiben muss, entscheide ich mich für einen wilden Mix aus den Lebensbereichen Zwergstrauchheide, mediterrane Garrigue, Federgras-Steppe und Dornpolsterflur. Diese natürlichen Vegetationsgemeinschaften sollen hier als Pate stehen. Sehr schmale Sandwege führen von nun an durch die neuen Pflanzbereiche, um das direkte Erleben zu ermöglichen. Die Bodenvorbereitung erfolgt exakt wie im vorherigen Beispiel der Inselbeete. Die Gesamtfläche (mit Ausnahme der Wege) wird nach der Bepflanzung etwa fünf Zentimeter stark mit Estrichsand (0–8 mm) gemulcht.

Etwa 500 Quadratmeter Rasenfläche haben wir in diesen Gartenteil bereits durch eine trockenheitsverträgliche Heide-Garrigue-Bepflanzung ausgetauscht.

PFLANZENAUSWAHL FÜR UNSEREN HEIDE-GARRIGUE-GARTEN

HALBSTRÄUCHER UND ZWERGGEHÖLZE

- *Calluna vulgaris**
- *Erica* in Arten und Sorten
- *Teucrium flavum*
- *Ballota pseudodictamnus*
- *Helianthemum** in Arten und Sorten
- *Zauschneria californica*
- *Juniperus squamata* 'Blue Carpet'
- verschiedene strauchige *Salvia-* und *Phlomis-*Varianten

GEOPHYTEN

- *Allium karataviense*
- *Allium roseum*
- *Tulipa praestans* 'Zwanburg Variety'
- *Tulipa sprengeri*
- *Ornithogalum umbellatum*
- *Chouardia litardierei* (= Scilla ex TCM)
- *Cypella herbertii*

GRÄSER

- *Stipa barbata*
- *Stipa robusta*
- *Sporobolus heterolepis* 'Weinheim'
- *Melica ciliata*
- *Koeleria glauca*
- *Carex chathamica*
- *Carex trifida* 'Rekohu Sunrise'
- *Elymus magellanicus*
- *Eragrostis spectabilis* 'Purpurflirren'

GEHÖLZE

- *Arbutus unedo* 'Rubra'
- *Carpenteria californica*

STAUDEN

- *Eryngium horridum*
- *Eryngium eburneum*
- *Iris* spec. ex Mount Kenia (Barbata Media Gruppe)
- *Euphorbia characias* ssp. *wulfenii**
- *Euphorbia myrsinites**
- *Euphorbia nicaeensis*
- *Carlina acaulis*
- *Carlina acanthifolia*
- *Baptisia australis*
- *Dianthus cruentus*
- *Pulsatilla patens**
- *Allium lusitanicum* (verschiedene Formen)
- *Allium stellatum*
- *Asclepias viridis*

DORNPOLSTER

- *Alyssum spinusum* 'Roseum'
- *Teucrium marum*
- *Acantholimon-*Arten
- *Euphorbia spinosa* (als Versuch)
- *Astragalus angustifolius*
- *Dianthus webbianus*

* *Calluna vulgaris* S. 107 *Helianthemum* auch S. 297 *Euphorbia myrsinites* S. 43, 161 *Pulsatilla patens* S. 63 *Euphorbia characias* ssp. *wulfenii* S. 297

Cypella herbertii

Erica × darleyensis

Euphorbia myrsinites

Eragrostis spectabilis 'Purpurflirren'

Ballota pseudodictamnus

Allium lusitanicum

Eryngium eburneum

Helianthemum

Salvia sclarea

Zauschneria californica

Lavandula stoechas

Thymus longicaulis

Die Ideenfindung für diesen Teilbereich des Gartens war aufwendig. Da nur der heiße, vollsonnige Rahmen des Wiesenkreises umgestaltet wird, der südliche, zwischen Waldsaum und Wiese gelegene Teil hingegen Rasenfläche bleiben soll, musste hier ein optisch schlichtes Konzept her, das die Einheit des Wiesenrahmens nicht allzu eklatant zerschneidet. Blütenaspekte sind daher eher dezent und temporär angelegt. Zeitgleich wird mit einer späteren Artenergänzung der Wiese ein harmonisches Ganzes zurückerobert.

Nach der Umgestaltung war und ist dieser neue Gartenteil des HORTVS' von Anfang an Gesprächsthema. Die Besucher sahen zunächst zwar nur ganz viel Sand mit ein paar grünen Tupfen, doch die wohlproportionierte Form und die Wegeführung, die wie durch eine Dünenlandschaft führt, zogen die Besucher direkt an. Ebenso attraktiv fanden den neuen Gartenteil unsere Sandbienen. Im Nu schwirrte es hier enorm, und auch die angrenzenden Blühstreifen der Einfahrt versorgen die willkommenen Flügelwesen mit ausreichend Proviant. Solche spontanen Erfolgserlebnisse machen glücklich.

Die Sandabdeckung ist dabei immerwährender Gesprächsstoff – sie weckt Neugierde und oft Begehrlichkeiten. Streng genommen ist die Sandauflage nichts anderes als die Kiesschicht des Kiesgartens – eine mineralische Mulchauflage, die den trockenheitsverträglichen Pflanzen das Wachstum an einem erbarmungslos sommerheißen Standort ermöglicht und deren Winternässeempfindlichkeit im Gegensatz zu organischem Mulch berücksichtigt. Schön sieht das Ganze zudem aus.

Von unseren Gartenbesuchern werde ich immer öfter gefragt, wie man einen artenreichen Kies-, Sand- oder Splittgarten rein technisch anlegt, der auch ohne künstliche Bewässerung auskommen kann.

Der Ausbreitungsdrang von einigen trockenheitsverträglichen Pflanzen, wie dem bienenmagnetisierenden *Eryngium giganteum*, muss noch getestet werden.

Die Anlage eines artenreichen Kiesgartens ist nicht schwer, einige Grundregeln müssen jedoch dringlich beachtet werden.

Abgesehen von ihrem hohen ökologischen Wert versprechen richtig verstandene Kiesgärten ein sehr hohes Maß an Gartenästhetik zu jeder Jahreszeit.

PRAXIS / ANLAGE KIESGARTEN

Die Anlage eines Kiesgartens ist für solche Gartenstandorte geeignet, die ungeeignet sind für klassische Bepflanzungskonzepte, weil der Boden zu sandig, zu durchlässig und zu nährstoffarm ist. Und da die Hitze- und Strahlungseinwirkungen im Sommer an diesem Ort sehr groß sind, da die Flächen in voller Sonne liegen und eventuell auch noch zusätzliche Hitzebelastungen von Pflasterflächen und Gebäuden hinnehmen müssen. Auch Hitzestauungen vor Hecken und Zäunen können das Kleinklima im Beet beeinflussen.

Auf bindigen, nährstoffreichen Boden mit schlechtem Wasserabzug macht die Anlage eines Kiesgartenkonzeptes für mich keinen Sinn.

Von etwaigen Bodenaustausch-Ideen ist generell abzusehen. Es wäre unanständig, guten Boden gegen schlechten auszutauschen. Ist die Ästhetik und optische Leichtigkeit eines Kiesgartens in Gärten mit bindigen Böden dennoch erwünscht, lässt sich mit Pflanzen von anderen Standorten die Kiesgarten-Optik bis zu einem gewissen Grad mimen (*Molinia* anstelle von *Stipa*, *Geranium* anstelle von *Nepeta*, *Myrica* anstatt *Ulex* usw.).

Vor der Bepflanzung muss der Boden möglichst unkrautfrei sein. Rasensoden werden abgeschält und abgefahren, Altbewuchs wird restlos entfernt. Vom Einbringen zugekaufter Oberböden (Mutterboden) ist abzusehen.

Nach der Anlage der Wegeflächen werden alle Pflanzbereiche tiefgründig gelockert; als äußerstes Minimum ist eine Lockerungstiefe von fünfundzwanzig Zentimetern verpflichtend.

Eine etwaige Düngung hängt vom Nährstoffgehalt des anstehenden Bodens ab. Als generelle Startdüngung empfehle ich den Einsatz von „Bodenaktivator" (300 g/qm), Urgesteinsmehl (300 g/qm) und eventuell organischem Dünger, wie Hornspänen, bei extrem nährstoffarmen Böden. Der pH-Wert sollte zwischen schwach sauer und schwach alkalisch liegen.

Reine Staudenmischpflanzungen, wie sie verschiedene Hochschulen als „Fertigrezept" konzipiert haben, können je nach Konzept für Kiesgärten geeignet sein. Sie bedürfen nach der Flächenzuweisung und -vorbereitung kaum weiterer Kreativarbeit. Die gewünschten Steppenmischungen werden einfach pro Quadratmeter bestellt und auf der Pflanzfläche nahezu wahllos verteilt. Hier bestimmt der Zufall das Endergebnis. Als Faustregel gilt: Je „unverkopfter" man vor der Pflanzung diese gemischten Stauden verteilt, desto natürlicher wird später das Ergebnis aussehen (Mathematiker, Feinmechaniker und Buchhalter sollten lieber ihre Kinder bitten, die Pflanzen zu verteilen ...). Staudenmischpflanzungen können ganz hervorragende, pflegeleichte und funktionierende Gartenbilder generieren. Doch werden solche Konzepte nur auf großen Flächen (im Minimum 50 Quadratmeter pro Mischpflanzungskonzept) überzeugen. Zudem sind sie nichts für den penibel fokussierenden Gartenbesitzer, hier und da werden Teilbereiche zwischenzeitlich auch einmal weniger brillieren. Als Gesamtbild überzeugen die Fertigmischungen jedoch. Nach dem Frühjahrsrückschnitt sind Staudenmischpflanzungen zunächst ein wenig karg, da sie selten Immergrüne beinhalten. Dafür ist ihre Pflege sehr einfach (da auch die Pflegemaßnahmen vereinheitlicht sind und nach „Patentrezept" von den jeweiligen Hochschulen vorgedacht).

Kiesgärten mit bewusstem Ganzjahresaspekt bedürfen wintergrüner Strukturen und sollten ausreichend Gehölze (mit geringem Verschattungsverhalten) enthalten. Bei der Bepflanzung dieser Gestaltungsvariante ist folgende einfache Regel zu beachten: Gepflanzt wird von groß nach klein. Man beginnt die Pflanzung also mit den größeren Gehölzen, addiert Sträucher und Halbsträucher, verteilt die Solitärstauden, bildet Gruppen von mittelhohen Stauden und Gräsern und lässt die Randbereiche in Bodendecker auslaufen. In Bodendeckerflächen streue ich danach wenige Vertikalaspekte aus sehr schlanken Pflanzen ein und ergänze das Gesamtbild mit Geophyten und Einjährigen. All dies bedarf nach meiner Erfahrung einer konkreten Planung. Nur echten Gartenprofis gelingt solch ein Wurf einzig und allein nach Pflanzenlisten. Die Pflege solcher Konzepte ist erwartungsgemäß ebenfalls detaillierter. Das Ergebnis beglückt dafür zwölf Monate im Jahr.

Perfekte Staudenmischpflanzungen kann man im Schau- und Sichtungsgarten Hermannshof in Weinheim bewundern.

Wird im Herbst gepflanzt, lassen sich alle Pflanzen, auch die Geophyten, direkt an einem einzigen Pflanztermin ausbringen. Nach der Pflanzung kann sofort mineralisch gemulcht werden.

Wer nicht auf Geophyten verzichten möchte, sollte bei Frühjahrspflanzungen bis zum Herbst (Pflanzzeit der Geophyten) mit der Mulchabdeckung warten, um Zwiebeln und Knollen besser in den Boden bringen zu können.

Die Wahl des mineralischen Mulches ist eher Geschmackssache als für die Pflanzen maßgeblich. Nur wenige poröse, zerfallende Kalkgesteine haben so starken Einfluss auf den pH-Wert des Bodens, dass die Pflanzenauswahl entsprechend abgestimmt werden muss. Die Körnung sollte im Höchstfall bei 8 bis 16 mm liegen. Gröbere Größen sind hinderlich beim Arbeiten und haben eine eingeschränkte Mulchwirkung. Feinere Körnungen vermischen sich hingegen beim Arbeiten im Beet und bei möglichen Neu- und Umpflanzungen schneller mit dem darunterliegenden Substrat.

Die Mulchstärke sollte in Abhängigkeit der Pflanzen zwischen fünf und zehn Zentimetern liegen.

Vom Einbau etwaiger Vliese, Folien und Co. ist generell und immer abzuraten!

Auch trockenheitsunempfindliche Pflanzen müssen nach der Pflanzung kräftig angegossen werden und in ihrer Einwachsphase eventuell mit Wasser versorgt werden. Bei Stauden gehe ich von etwa einem Vegetationszyklus aus, bis diese eingewachsen sind und ohne Zusatzwässerung auskommen können. Bei Gehölzen kann dies mitunter deutlich länger dauern.

In allen Bereichen des HORTVS' habe ich mich für die pflegeintensivere Variante, also einer Mischung aus allen erdenklichen Pflanzengruppen (Gehölze, Halbsträucher, Stauden und Gräser, Ein- und Zweijährige sowie Geophyten) entschieden. Hier im eigenen Garten würde ich es zurzeit nicht anders haben wollen. Ich brauche meine alltägliche Garten-Glückseligkeit, die mir nur diese Kombinationen perfekt garantieren können. Doch jeder Garten ist der Spiegel seines Erschaffers. Und da sich auch mein eigenes Spiegelbild im Laufe der Zeit verändern wird, mag sich auch mein Garten verändern. Vielleicht wird es mir irgendwann nicht mehr möglich sein, die vielen Tausend Gartenschätze des HORTVS' in Gänze zu erhalten. Vielleicht werden später Vereinfachungen vonnöten sein. Das Grundkonzept werde ich dabei auch später nicht aufgeben müssen. Sicher zu sein, dass ich jederzeit die Pflege des Gartens durch Vereinfachung der Bepflanzungsschemata reduzieren könnte, fühlt sich wie eine gute Rückversicherung an.

All denen, den der eigene Garten „über den Kopf zu wachsen droht", sei gesagt, dass es immer sinnvolle Lösungen gibt (eine mähbare Blumenwiese anstelle des Staudenbeetes; Bäume und Sträucher könnte man auch wachsen lassen, um darunter Schattengewächse zu bewundern; den Gemüsegarten zum Wildbienen-Eldorado umzugestalten wäre auch eine Idee ...).

Eine große Sünde für jeden Gartenbesitzer würde ist es in meinen Augen, nur aus Überforderung den eigenen Garten aufzugeben. Denn wer an seine Kinder und Enkel ernsthaft denken will, muss das wichtige Naturstück Garten, das man selbst erschaffen hat, mit aller Macht behalten wollen. Viel zu viele Gärten werden heute verkauft und zu billigem Tand verwandelt.

Links: Naturnahe, wildere Pflanzenkompositionen verringern den Pflegeaufwand im Staudenbeet und zeugen von legerer Noblesse des Gartenbesitzers.

Bepflanzungskonzepte lassen sich, bei Bedarf, in jedem Garten pflegeleichter realisieren. In trockenen, vollsonnigen Gartenbereichen breitet sich die monatelang blühende *Oenothera lindheimeri* aus und verdrängt sogar hartnäckige Unkräuter.

PRAXIS / PFLEGEMASSNAHMEN IM SEPTEMBER

September ist der beste Monat, um neue Stauden und Containergehölze zu pflanzen. Nur wenn der Boden noch immer immens trocken sein sollte, verschiebe ich diesen Zeitpunkt nach hinten.

Zu groß gewordene Staudenhorste von Frühblühern teile ich schon im September und pflanze einige Teilstücke neu. So sind die verjüngten Teilpflanzen in der nächsten Gartensaison bereits hervorragend eingewachsen.

Ausgeblühte Saisonpflanzen und Einjährige ohne Winterschmuckwert können nun entfernt werden. Der an diesen Stellen gut aufbereitete Boden eignet sich bestens zur Pflanzung von Zwiebel- und Knollengewächsen oder/und einjährigen, frostharten Frühlingsblühern.

Die meisten Zwiebel- und Knollenpflanzen freuen sich, so rasch wie möglich in den Boden zu kommen; also ran ans Frühjahrsglück!

Organische Düngung hungriger Stauden, wie *Helleborus*, Paeonien etc., auf armen Böden nehmen wir ab September vor. Auf tendenziell sauren Substraten kalke ich zeitgleich durch eine sanfte Dolomitkalkgabe. Ab Mitte Oktober sollten Stauden nicht mehr gedüngt werden. Und generell muss wohl überdacht sein, ob eine Düngung auch wirklich nötig ist! Die Vielzahl unserer Gartenböden ist hoffnungslos überdüngt. Nur bei sichtbarer Wachstumsdepression sollte organischer Dünger sparsam verwendet werden.

Für eine frühe Blüte im nächsten Jahr säe ich nun winterharte Einjährige, wie *Nigella*, *Papaver rhoeas*, *Centaurea cyanus*, *Salvia sclarea** oder *Onopordum acanthium,* direkt ins Freiland auf vorbereitete Flächen. Dies sollte spätestens Anfang Oktober stattfinden.

„Umweltverträgliches" Schneckenkorn und Nematoden gegen Schnecken und Dickmaulrüssler tun auch noch im September hervorragende Dienste.

* *Salvia sclarea* S. 115, 161

In unserem neuen Heide-Garrigue-Garten ergänze ich im September die Pflanzflächen mit Hunderten nun zu pflanzender Geophyten.

Wenn unbedingt nötig, ist der September (eventuell auch noch Anfang Oktober) der Monat, in dem ich Pfingstrosen (*Paeonia*) verpflanze oder teile. Auch für die Gattung *Helleborus* und einige weitere Mitglieder der Hahnenfußfamilie (*Ranuculaceae*) ist das Verpflanzen im September möglich, ein weiteres Zeitfenster für diese Arbeit öffnet sich dann im zeitigen Frühjahr.

Im September beginne ich, in den Staudenbeeten auszuputzen. Abgestorbene Blätter von Immergrünen, wie *Bergenia*, *Yucca* oder *Heuchera*, entferne ich selektiv. Aber auch matschig gewordene Teile von anderen Gartenpflanzen, wie *Stachys* oder *Kniphofia*, reduzieren wir nun, um Pilzerkrankungen vorzubeugen und um das Gartenbild zu verbessern.

Manchmal überrascht uns bereits im September ein ganz leichter Morgenfrost bei unseren Arbeiten zur Wiesenmahd. Bis mittags wird das zusammengerechte Schnittgut der Wiese, welches wir in konzentrische Reihen zusammenlegten, wieder abgetrocknet sein und kann dann entfernt werden.

Große, frostfeste Kübel bepflanze ich im September mit frühjahrsblühenden Saisonpflanzen, wie *Viola cornuta*, *Myosotis* oder *Dianthus barbatus*. Unter diese Pflanzung lassen sich zusätzlich Zwiebelpflanzen setzen.

Im September besteht nach dem Entfernen von welken Saisonpflanzen eine weitere Chance, staudigen Unkräutern, wie Giersch, Acker-Winde oder Acker-Kratzdistel, durch Hinterhergraben beizukommen – oder sie zumindest stark zu dezimieren. Bei konsequenter Kontrolle ist es durchaus realistisch, die unwillkommenen Pflanzen nach zwei bis drei Jahren komplett loszuwerden. Ausnahme: Acker-Schachtelhalm, mit ihm muss ich trotz ständiger Dezimierung wohl irgendwie symbiotisch leben.

Von Halbsträuchern und verholzenden Stauden (beispielsweise von Lavendel, *Daphne*, *Alyssum spinosum* 'Roseum', *Cistus* oder *Zauschneria*) nehme ich zur Vermehrung im September halb reife Kopfstecklinge.

Jetzt gewonnene *Penstemon*-Stecklinge überwintere ich im Gewächshaus und pflanze sie im nächsten April aus; diese sind deutlich vitaler und blühfreudiger als die im Freiland überwinterten Mutterpflanzen.

Nachschnitt von Hecken und Formgehölzen im Staudengarten.

Letzte Wiesenmahd etwa Mitte September. Wiesenflächen, in denen herbstblühende Geophyten (wie *Colchicum**, *Cyclamen* und Co.) stehen, müssen schon im August gemäht werden! Das Mähgut lassen wir einige Tage am Ort trocknen, um es dann (gewichtsreduziert und deutlich einfacher) mit einem hölzernen Heurechen zu entfernen.

* *Colchicum* S. 185

HERBST / OKTOBER

/OKTOBER

Die prächtige Herbstfärbung von *Prunus sargentii* setzt bereits Anfang Oktober ein. Hinter Gräsern leuchten sie in die Herbstszene.

Der Oktober ist ein Monat, über den sich jeder freuen muss! Scheint er doch in Natur und Garten so manches Gute zu vereinen. Die Temperaturen sind meist noch sehr angenehm und die Pflanzen machen sich zum Grande Finale auf. Und obwohl sich bereits der September in seiner Üppigkeit, im Blütenrausch später Stauden, mit seinem Gräserglück und all den vielen Gartenkombinationen, auf die so mancher Gartenbesitzer lange wartete, selbst zu feiern schien, kann der Oktober noch eine Steigerung anbieten.

Hatte im September 2019 der Deutsche Wetterdienst noch eine vorläufige Wasser-Bilanz herausgegeben, die auch in diesem Monat eklatant unter dem Normalwert lag (27 % weniger Niederschläge als im langjährigen Mittel), entspannte sich Ende September und Anfang Oktober das Niederschlagsmanko ein wenig. In einigen Regionen Deutschlands war es 2020 durch heftige Starkregenereignisse im Spätsommer sogar verheerend nass, doch der HORTVS blieb weiterhin viel trockener als normal.

Der Oktober startet meist mit merklich kühleren Temperaturen. Bei durchschnittlich 13 bis 14 Grad Tagestemperatur wird es wechselhaft, und moderate Regenfälle lindern die Not des dürstenden Boden. Natürlich kann sich das ausgedorrte Bodengefüge nicht durch ein paar Regentage regenerieren, aber mir kommen die ersten nennenswerten Regenmengen wie das Versprechen auf Linderung in letzter Minute vor. Bis zum Ende des Jahres werden sich die meisten Pflanzen im Garten, der Boden und die Natur in einigen Bereichen augenscheinlich erholt haben. Doch auch 2019 wird bis dato zum drittwärmsten Jahr seit Beginn der Wetteraufzeichnungen gezählt (nur 2003 und 2018 waren bisher noch wärmer). Auch in den tieferen Bodenschichten wird selbst zum Ende des Jahres noch weiterhin „schwere Dürre" herrschen. Aber zumindest der Oberboden kann sich ab Anfang Oktober etwas erholen. Bei meinen Gartenrundgängen bin ich verblüfft und nahezu sprachlos, wie schnell sich einige kleinere Pflanzen an dem wenigen Wasser sichtbar laben und mit neuem Wachstum und selbst neuen Blüten aufwarten. In der Regel haben es weniger tief wurzelnde Stauden und Gräser mit ihrer Regeneration deutlich einfacher als tiefwurzelnde Gehölze zu Zeiten weitreichender Bodendürre. Und in der Tat sehen wir im Garten wie auch vor dessen Toren mit jedem Monat immer mehr in Mitleidenschaft gezogene Bäume. Vieles wird in naher Zukunft gefällt werden müssen, denn neben den effektiven Trockenheitsschäden finden Schadorganismen in den geschwächten Gehölzen leichte Beute. Selbst die weit über hundertjährigen Buchen, die den HORTVS an zwei Flanken umstehen, sehen erbärmlich aus und hatten bereits im August des Jahres 2020 kein Laub mehr. Ob sie überleben werden, kann zur Zeit niemand sagen ...

Wieder einmal erweist sich die reichhaltige Pflanzenfülle im HORTVS als segensreich. Ja, auch wir haben Ausfälle, und seit anderthalb Jahrzehnten eingewachsene Bäume fällen zu müssen, geht selbstredend auch an meine emotionale Substanz. Doch Nachbarpflanzen werden die Lücken schon bald ausfüllen. Nur in wenigen Fällen müssen wir nachpflanzen, da die fünfzehn Jahre alte Bepflanzung von Bäumen und Sträuchern ohnehin an vielen Stellen zu dicht geworden ist. Ich versuche, auch im Entfernen von lieb gewonnenen Pflanzen stets etwas Positives zu sehen, und freue mich über einige erlesene Gehölzseltenheiten, die von nun an besser inszeniert und mit ausreichend Platz für ihre weitere Entwicklung stehen. Jetzt, da die Sommer wohl regelmäßig trockener und wärmer werden und somit Gehölzneu- und -umpflanzungen ein gewisses Risiko bergen (jede Pflanze braucht Zeit, ihre Wurzeln am neuen Standort auszubreiten), versuche ich solche Arbeiten möglichst in den Herbst zu legen. Dann stehen den Umzüglern mehrere Monate mit natürlich feuchteren Bodenbedingungen in der Anwachsphase zur Verfügung. Und im Frühjahr werden wir die noch feuchte Erde im Wurzelbereich der Pflanzungen zusätzlich dick mulchen, um das Wasser im Boden zu halten und die Wurzeln zu kühlen.

Ein besonderes Oktoberwunder ist besonders nach langen, trockenen Sommern (wie in den Jahren nach 2017) zu beobachten: Später Septemberregen und gesunkene Nachttemperaturen ermöglichen ein phönixartiges Wiederauferstehen der Staudenüppigkeit. So spät in der Gartensaison nimmt das Gartenkarussell noch einmal richtig Fahrt auf. Ein solcher Gartenerfrischungseffekt stellt sich auch in durchschnittlichen Jahren ein – nur deutlich früher. Im Oktober ist dieses Phänomen besonders atemberaubend, denn nun gesellen sich zum Neuaustrieb bereits spätherbstliche Gartengenüsse hinzu. Viele Fruchtgehölze bilden jetzt ihre herbstliche Pracht aus, und die ersten Bäume, Sträucher, Stauden und Gräser kleiden sich bereits in warme Herbsttöne. Nun hat das gesamte Blättermeer nicht mehr das von mir so wenig geschätzte Einheitsgrün des Augustes.

Fast immer ist es Anfang Oktober in unserer Region deutlich kühler als in den Wochen zuvor, doch bis zur Mitte des Monats können die Temperaturen nochmals über fünfundzwanzig Grad ansteigen. Welche Freude nun im Garten zu arbeiten! Himmel und Beete jubilieren, und ich bin mittendrin! Im zehnten Monat bin ich oft verblüfft über so viel Power im Garten. All die unterschiedlichen Lebensbereiche im HORTVS scheinen vor Freude und vor Kraft bersten zu wollen. Das will ich von ganz weit oben sehen! Daher macht Martin Staffler Luftaufnahmen vom frühherbstlichen HORTVS – die Ergebnisse sprechen für sich. Ach, ihr Vögel, was habt ihr es gut, mein Werk, wann immer ihr wollt, aus dieser Perspektive erleben zu dürfen!

Doch auch ganz nah am Boden gilt es nun, Verblüffendes zu entdecken: herbstblühende Geophyten. Die zaghafte Ankunft der allerersten Blüten des Herbst-Alpenveilchens (*Cyclamen hederifolium**) und aus dem Boden spitzende Knospen der Herbst-Zeitlosen (*Colchicum**) vermerkte ich zwar bereits Anfang September in meinen Gartenaufzeichnungen, doch die verwunderlich üppige Blütenpracht,

* *Cyclamen hederifolium* S. 294 *Colchicum* S. 185

Regelmäßig fallen Anfang Oktober in unserer Region die Temperaturen. Spätestens jetzt kleidet sich der Kiesgarten in sein Herbstgewand. Gräserwedel von *Stipa gigantea* und *Cortaderia selloana** fangen das merklich tiefer stehende Licht.

* *Cortaderia selloana* auch S. 250

Kiesgarten und Wiesenkreis aus der Vogelperspektive. Als helles Zwischenstück erahnt man die Heide-Garrigue-Pflanzung.

die nun allenthalben aus dem Boden sprießt, ist jetzt, einen Monat später, grandios.

Den Auftakt machen zwei in unseren Gärten noch leider viel zu selten anzutreffende Herbst-Zwiebelpflanzen: Von weitem leuchten die in allen Rosaschattierungen blühenden Nerinen (*Nerine bowdenii**). Einst hielt die berühmte englische Pflanzensammlerin Margaret Owen (1930–2014) die „National Collection" dieser Pflanzengattung. Margaret hatte es geschafft, sage und schreibe vier National-Collections in ihrem späteren Garten „The Patch" in Shropshire zusammenzutragen. Sie war eine herzliche Gartenfreundin und meine geschätzte Ratgeberin bei vielen Gartenfragen. Ihr ist es wohl zu verdanken, dass Nerinen in unseren Gärten überhaupt populär wurden. Ich besitze eine ganze Palette ihrer Zuchterfolge und freue mich Jahr für Jahr über die herrlichen Gewächse. Mit jeder Nerinenblüte, die hier im HORTVS erblüht, steigen glanzvolle und zum Teil auch urkomische Erinnerungen an „Dear Old Margaret" in mir auf (sie war eine gefürchtete Kartenspielerin und lebensgefährlich rasante Autofahrerin).

Nerinen stammen ursprünglich aus Südafrika und lieben einen vollsonnigen Gartenstandort, am besten mit einer Mauer oder Wand im Hintergrund. Sie lieben es, wenn ihre dicken Zwiebeln in der Sommerhitze förmlich gebacken werden, das wirkt sich positiv auf die Blütenbildung aus. Der Boden sollte gut drainiert, aber nicht zu nährstoffarm sein. Ich kultiviere diese besonderen Pflanzen in einem Schotterbeet vor einer Westwand zwischen anderen hitzeverträglichen Gewächsen. Für die allermeisten Stauden wäre es hier in der Nachmittags- und Abendsonne viel zu heiß, doch Margarets Nerinen fühlen sich an diesem Ort pudelwohl, und ich freue mich über die von Jahr zu Jahr üppiger werdenden Bestände.

Der zweite Saisonstarter unter den Herbstgeophyten ist der Herbst-Goldbecher (*Sternbergia lutea*). Ihn bekommt man mittlerweile über die einschlägigen Blumenzwiebellieferanten als Tütenware im Herbst angeboten – davon lasse ich mittlerweile die Finger! Verliebt hatte ich mich in dieses Amaryllisgewächs (sie sind also eher mit Nerinen und Schneeglöckchen als mit Krokussen verwandt) in Beth Chattos Kiesgarten. Einmalig, wie sie dort im Frühherbst ihre goldgelben Blütenkelche durch das seltsam silber-goldene Laub von *Stachys byzantina* 'Primrose Heron' schoben. Und so üppig! Ganze Blumensträuße der goldenen Pracht bestaunte ich dort. Im eigenen Kiesgarten wollten solche Bilder niemals gelingen. Denn tatsächlich war es ein Fehler, trockene Zwiebeln aus unbekannter Herkunft zu setzen. Erst als ich gleich mehrere Varianten (und eventuell auch Hybriden) von der generösen Veronica Cross als ausgegrabene Pflanze in vollem Grün geschenkt bekam, hatte ich Erfolg mit diesen, im übrigen auch laubschönen, Gewächsen.

Wirkliche Herbst-Krokusse (*Crocus speciosus** und viele, viele weitere Arten), die beispielsweise in Griechenland ganze Berghänge purpur-violett auskleiden, sind im HORTVS leider nur sehr spärlich vertreten.

* *Nerine bowdenii* S. 186 *Crocus speciosus* S. 186

Ich liebe sie zwar heiß und innig, doch meine Liebe teilen leider auch die Mäuse. Da diese zarten Wesen andererseits recht günstig zu bekommen sind und ihnen die Pflanzung auch als trockene Zwiebel augenscheinlich nichts ausmacht, gebe ich nicht auf und setze sie immer wieder.

Und dann noch meine Favoriten unter den Herbstgeophyten: die Herbst-Zeitlosen (*Colchicum*). Die stark giftigen Knollengewächse sind unentbehrlich für jeden Garten. Frühe Formen (wie beispielsweise unser heimisches *Colchicum autumnale*, aber auch das in Mittelgriechenland endemische *C. parnassicum*) blühen mitunter bereits im September. Ihnen folgt eine ganze Armada aus unterschiedlichen Arten und Sorten mit hinreißenden Blütendetails. Die „Naked Ladies", wie man sie in England aufgrund ihrer blattlosen Blüte nennt, sollten bereits im Sommer gepflanzt werden, da auch bei ihnen die Knollen nicht trocken liegen wollen. Bestenfalls pflanzt man getopfte Ware. Mit der Zeit können Herbst-Zeitlose dichte, eng aneinander liegende Bestände bilden. Dann teilen wir solche Horste direkt nach der Blüte und pflanzen jeweils etwa drei Tochterknollen in gut vorbereitete Pflanzlöcher zurück. Dabei sollten die empfindlichen Wurzeln weder allzu stark verletzt werden noch dürfen sie antrocknen. Diese Methode garantiert nach meinen Erfahrungen die besten Zuwächse.

Alle herbstblühenden Geophyten sollten also nicht ohne Weiteres als trockene Zwiebel gekauft werden (Ausnahme: Herbst-Krokusse). Getopfte Ware aus der Staudengärtnerei garantiert beste Qualität ohne Enttäuschungen. Blattlos blühende Varianten, wie Herbst-Zeitlose oder Herbst-Krokusse, pflanze ich stets zwischen Bodendecker, niedrige Stauden oder in Wiesen, die Ende August bis Mitte September gemäht werden. So können die zarten Blüten in Regen und Wind nicht abknicken und bleiben makellos.

Im Hintergrund dieser Herbstjuwele findet ein kaum zu jurierender Wettbewerb der schönsten Herbststauden statt.

Noch immer wird die Gartenästhetik durch Blütenfarben bereichert, denen aber mittlerweile auch abgestorbene Staudenfruchtstände, Herbstlaub und Beerenschmuck einen ganz besonderen Rahmen geben. Nach einem einmaligen Spaziergang durch Licht und Farben muss ich allen Darstellern meines Oktoberaktes (und auch solchen, die hier nicht erwähnt wurden) die höchste Punktzahl vergeben. Denn gerade die schier unbegrenzten Farb- und Formspiele zwischen zarten Blüten und herbstlichem Gewirk zeichnen die sublime Gartentextur des Oktobers aus. Bezüglich der Blüten denkt man als Staudengärtner an Herbstklassiker, wie Herbst-Anemonen (*Eriocapitella* und *Clematis* in Arten und Sorten), Astern (*Aster, Symphiotrichum, Eurybia, Doellingeria* etc.) Chrysanthemen (*Chrysanthemum* und ihre Verwandten), Sonnenblumen (*Helianthus*), Sonnenbräute (*Helenium*), Fetthennen (*Sedum, Hylotelephium*), Scheinastern (*Vernonia*), späte Fackellilien (*Kniphofia*), Herbst-Eisenhut (*Aconitum*) und, und, und ... Doch auch weniger oft Verwendetes wie winterharte Fuchsien, unter anderem

Herbst-Zeitlose (*Colchicum*) weisen eine hohe Standortamplitude auf, sodass sie sich in den allermeisten Gartenteilen des HORTVS' zeigen. Die Blütezeit reicht, je nach Art und Sorte, von Anfang September bis weit in den Oktober hinein.

Crocus speciosus

Colchicum 'Waterlily'

Helenium 'Ruby Tuesday'

Kniphofia 'Papaya Popsicle'

Caryopteris divaricata

Fuchsia magellanica

Diascia integerrima

Nerine bowdenii

Fuchsia magellanica), staudige Bartblume (*Caryopteris divaricata*) und frostharter Elfensporn (*Diascia integerrima*), lassen den Oktobergarten leuchten.

Gut eingebettet in eine durchdachte Gartenplanung und in Kombination mit Gräsern und Gehölzen, garantieren solche Sonnenstauden klassische und neuere Herbstszenarien. Ich schreibe an dieser Stelle bewusst von „neueren" Gestaltungsideen.

Denn obwohl die Vorzüge der zeitgenössischen Staudenverwendung von „Dutch Wave", „American Prairie Gardens", „New German Style" bis zu Staudenmischpflanzungen für große Flächen noch lange nicht jedem Gartenbesitzer bekannt sind, fangen sie doch langsam an, sich gestalterisch zu wiederholen. Nein, das sollte ich nicht sagen. Bezeichnen wir die wirklich lang ersehnten und revolutionären Gartenstile des ausklingenden zwanzigsten und frühen einundzwanzigsten Jahrhunderts doch besser als „Klassische Moderne".

Es wird an einer neuen Generation von jungen Gärtnern liegen, diese ökologisch sinnvollen wie stilistisch feinsinnigen Gartengestaltungsansätze auch unter den Herausforderungen, die uns der Klimawandel stellt, weiterzuentwickeln.

Massenverwendung von Astilben, Herbst-Anemonen und Co., wie sie die Dutch-Wave-Gestalter und auch einige amerikanische Planungsbüros propagieren, werden die Herausforderungen einer klimatisch veränderten Zukunft nicht meistern können. Dabei gilt es nicht nur, neue Pflanzen für unsere Gärten zu rekrutieren, sondern auch über Gärten und ihre Ausprägung über unser aller Verantwortung gegenüber der Natur und somit über uns selbst nachzudenken. Einige für den Gartengestalter relevante Veränderungen sind bereits jetzt ablesbar. So war beispielsweise der lichtdurchflutete Garten mit Haus in Südausrichtung in vergangenen Jahrzehnten für hiesige Breiten sicherlich sehr erstrebenswert. Plätze zum Sonnenbaden waren lange gefragt. Doch mittlerweile wendet sich gezwungenermaßen das Blatt, und Schattengärten, in denen man sich auch in Extremsommern aufhalten kann, rücken in den Fokus.

Auch mein Gartenverständnis und meine Arbeit als Gartenplaner haben sich nunmehr durch den Klimawandel verändert. So teilte ich früher meine Gartenbereiche nach Jahreszeiten ein: Der schattige Waldgarten war traditionell mein Frühlingsgarten, den vollsonnigen Kiesgarten bezeichnete ich als Sommer- und Herbstgarten. Ich rühmte meine „mediterrane" Terrasse, auf der Zistrosen und südafrikanische Pflanzenschönheiten auch ohne nennenswerten Winterschutz gediehen. Diese nun tradierte Sichtweise hat sich durch die Wetterextreme der letzten Jahre ad absurdum geführt. Auf meiner Südterrasse ist mittlerweile manchmal das Wasser im Pool zu warm, um es als Erfrischung nach getaner Gartenarbeit bezeichnen zu können. Und das hier sogar Agaven und *Sempervivum* Sommerhitzeschäden erleiden können, lässt den erfahrenen Gärtner mit Staunen zurück.

Lange in den Herbst hinein geben die auffälligen Blattschwerter von *Thalia dealbata** der Teichrandbepflanzung Halt und Struktur.

Links: Anfang Oktober gibt sich die spätblühende Rutenhirse *Panicum virgatum* 'Northwind'* noch in dunklem Seegrün, ab Mitte des Monats wird sie sich bernsteinfarben verwandeln.

* *Thalia dealbata* auch S. 231 *Panicum virgatum* 'Northwind' auch S. 279

Mein Kiesgarten ist nach wie vor tapfer. Er kann bis jetzt auch ohne künstliche Bewässerung sein Bestes zeigen, selbst an erbarmungslos heißen Tagen. Allerdings werden die Besucherführungen durch diesen Gartenteil im Hochsommer für Gartengruppen immer kürzer ...

Wenn ich überhitzte Gartenreisende anschließend durch meinen Waldgarten führe, kommt dies einer Erlösung gleich (nur hätte ich ein paar mehr Sitzplätze einplanen sollen!). Im waldigen Schattengarten betreten wir ein komplett anderes Gartenklima. Durch die kontinuierliche Klimaerwärmung wurde mein früher vornehmlich zur Frühjahrsblüte bestaunter Frühlingsgarten zum Lieblingsort zum Verweilen in heißen Sommern. Und obwohl sommerliche und herbstliche Schattengärten sich auch weiterhin durch das beruhigend elegante Wechselspiel verschiedenster Pflanzenstrukturen und Blattfarben auszeichnen werden, lassen sich im HORTVS selbst noch im Oktober Schattenblüher finden. Folgend eine Auswahl der von mir besonders geliebten Oktoberblüten für schattige Pflanzbereiche.

Nach herbstlichen Niederschlägen bleibt die dunstige Atmosphäre über unserem natürlichen Teich ganztägig erhalten. In der feuchtigkeitsgeschwängerten Luft nimmt man nun den verwirrend köstlichen Duft nach frisch gebackenem Kuchen des Katsurabaumes (*Cercidiphyllum japonicum*), der hinter dem Teich in feurigen Farben leuchtet, besonders intensiv wahr.

EINE KLEINE AUSWAHL AN OKTOBERBLÜTEN IM SCHATTENGARTEN

Saxifraga fortunei

Leucosceptrum japonicum 'Golden Angel'

Hydrangea serrata

HERBST-STEINBRECH (*Saxifraga fortunei*, *Saxifraga cortusifolia*) und etliche Unterarten und Hybriden: mit herrlichem Laub und verblüffender Blütenüppigkeit im Oktober. Die weißen, rosafarbenen, grünen und himbeerroten Blüten sind kurios asymmetrisch zu geschweiften Sternen geformt. Im lichten Schatten blühen sie auf humosem Grund bis zum ersten Frost.

MOTTENKÖNIG (*Isodon*): In dieser Gattung sind frühere Nomenklaturen, wie *Plectranthus* oder *Rabdosia*, vereint. Diese späten Lippenblütler verblüffen mit überschwänglichem Blau und Violett. Ihre lockeren, doch farbintensiven Rispen weben die Himmelsfarben in den Waldsaum.

Der deutsche Trivialname JAPANISCHE STRAUCHMINZE scheint mir irgendwie erfunden. Nichtsdestotrotz schätze ich die üppigen Horste von *Leucosceptrum japonicum* seit Langem in meinem Waldgarten: Die kniehohen Lippenblütler bereichern Schattenbeete über die meisten Monate im Jahr. Besonders die Aureaform 'Golden Angel' und ihre silberlaubige Schwester 'Silver Angel' tragen mit ihrem Laub vom Frühjahr an zum farbenfrohen Waldbild bei. Im Herbst erscheinen cremeweiße Blütenstände, die an Duftnesseln erinnern. Ihr blattloses Winterastwerk lasse ich bis zum Frühjahr stehen.

Gelber und cremeweißer LERCHENSPORN (*Pseudofumaria lutea* und *P. alba*): Diese sind streng genommen keine typischen Herbstblüher. Doch ihre enorm lange Blütezeit reicht von März bis November. Ein perfekter Lückenfüller für die allermeisten Standorte, der sich reichlich versamt, doch selten lästig wird.

Viele HORTENSIEN-Blüten haben sich im Oktober aufregend rötlich oder grünlich verfärbt. Besonders elegant sind zierliche Formen von *Hydrangea serrata*, beispielsweise die Sorten 'Kurenai' oder *Hydrangea serrata* ssp. *angustata*. Auch ungefüllte Rispenhortensien (*Hydrangea paniculata*) sind Stars des Oktobergartens.

JAPANISCHER INGWER (*Zingiber mioga*) ist ein in meinem Garten völlig winterharter Ingwer, der im Herbst mit gelben (chinesische Herkunft) oder cremefarbenen (japanische Variante) Blüten nah am Boden blüht. Es lohnt sich, die wunderschönen Bodenblüten zu suchen, die auch bestens in der Küche verwendet werden können. Das elegante Laub ziert den gesamten Sommer und ist bei panaschierten Sorten, wie 'Dancing Crane', besonders aufregend.

Zingiber mioga

Cautleya spicata 'Robusta' und *Hedychium* gehören ebenfalls zu den INGWERGEWÄCHSEN: Beide blühen mit exotischen Blüten über elegantem Laub und bringen Tropenflair in den Waldgarten.

HERBST-ALPENVEILCHEN (*Cyclamen hederifolium**) und Herbst-Zeitlose (*Colchicum**) dürfen in keinem Schattengarten fehlen. Meine Herbst-Zeitlosen lasse ich gerne durch immergrüne Bodendecker, wie *Vinca minor* oder *Ophiopogon* wachsen, damit ihre blattlosen Blütenkelche Halt und Schutz vor Spritzschmutz an Regentagen haben. Die einzigarten Blätter der *Cyclamen* werden hingegen schon bald einen aufregenden Winterteppich bilden.

Fuchsia regia ssp. *reitzii*

Winterharte FUCHSIEN (*Fuchsia*) für halbschattige und schattige Pflanzorte machen mir in folgenden Sorten besonders große Freude: 'Silver Lining' mit herrlichem Silberlaub und vielen kleinen Blüten, 'Isis' mit entzückenden Miniaturblüten in leuchtkräftigem Pink, 'Whiteknights Amethyst' als klassische Fuchsie in mystischen Purpurtönen, *Fuchsia regia* ssp. *reitzii* kann hoch in Gehölze klettern und von dort ihre schlanken, roten Blüten präsentieren und last but not least *Fuchsia magellanica* var. *arauco*, die ich mit ihren dreifarbigen Zwergblüten in Rot-Weiß-Blau besonders liebe.

Wenig bekannt, doch enorm lohnenswert ist die spätblühende SCHÜSSELHORTENSIE (*Platycrater arguta*) mit gleichen Standortansprüchen wie Hortensien und geringem Platzbedarf.

Isodon rubescens

* *Cyclamen hederifolium* S. 294 *Colchicum* S. 185

Nicht selten zieht Ende Oktober ein leichter Frost über den HORTVS. Im Vordergrund leuchtet das goldene Herbstlaub der Mispelbäume (*Crataegus germanica*), im Hintergrund intensivieren die niedrigen Nachttemperaturen die Kupfertöne des herbstlichen Buchenwaldes.

PRAXIS / PFLEGEMASSNAHMEN IM OKTOBER

Ein transparent geschnittener Gehölzhabitus ermöglicht Staudenpflanzungen unter Bäumen und Sträuchern.

So schwer es fällt, das bunte Falllaub sollte vom Rasen entfernt werden.

Gestalteter Altholz-„Haufen" als Überwinterungsquartier für Wildtiere

Für Gehölzschnitte lautet generell meine Devise: besser auslichten als einkürzen. Ein hohes, aber lichtes Erscheinungsbild lässt Staudenpflanzungen unter Gehölzen zu und spendet wichtigen (Halb-)Schatten im Sommer. Ausgenommen sind natürlich Formschnittgehölze und bewusst kompakte Büsche, wie *Sarcococca* oder zwergige *Berberis*. Wer seine laubabwerfenden Gehölze bereits im Oktober schneidet, erhält den „ehrlicheren" Schnitt, da das Gewicht der Blätter die Zweige noch in ihrer Sommerausprägung hält (im Winter können sich entlaubte Zweige nach oben recken). Zudem ist die Gefahr von Trittschäden an bereits austreibenden Geophyten deutlich minimiert.

Das erste bunte Falllaub sieht besonders malerisch aus, sollte von Rasenflächen und Immergrünen jedoch regelmäßig entfernt werden und andernorts als Mulchdecke dienen.

Anfang Oktober ist noch eine hervorragende Zeit um Pfingstrosen (*Paeonia*) zu (ver-)pflanzen. Nun bieten Pfingstrosenzüchter mitunter auch (günstige) wurzelnackte Ware an. Eine sehr gute Bodenvorbereitung und gewissenhaftes Pflanzen der empfindlichen Wurzelstöcke ist unabdingbar.

Ungenutzte Gartenecken im Beethintergrund bieten die Möglichkeit, dort Winterquartiere für Igel, Käfer und Co. aus Altholz und anderen organischen Restmaterialien zu errichten – selbst hier gestalte ich mit den Materialien der Natur.

Oftmals ist der Wasserspiegel meiner Teiche Anfang Oktober noch sehr niedrig. Diese Chance nutze ich zur intensiven Teichrandpflege, nämlich zur Reduktion üppig wachsender Teichpflanzen. Laub darf in unsere natürlichen Teiche hineinfallen. Künstlich angelegte Wasserflächen sollten hingegen von einem Zuviel an Herbstlaub geschützt oder befreit werden.

Im Oktober ist es an der Zeit, Treibhäuser und Überwinterungsquartiere aufzuräumen und gründlich zu reinigen. Dann ist das spätere Einräumen von Kübelpflanzen und Co. ein Leichtes.

In diesem Jahr gepflanzte Rosen sind jetzt noch nicht ausreichend eingewachsen, um Herbststürmen zu trotzen. Ein herbstlicher Reduktionsschnitt, Ende Oktober, um etwa ein Drittel verringert den Windwiderstand. Im Frühjahr schneide ich nochmal in Form.

Wer auf die Frühjahrs-Blütenfülle klassischer Saisonpflanzen steht, wie Vergissmeinnicht, Primeln, *Bellis*, Goldlack und Horn-Veilchen, sollte diese bereits im Oktober als Jungpflanze in Beete und Kübel setzten. Dies bietet die Möglichkeit der Kombination mit Zwiebelpflanzen und sieht im Frühjahr deutlich natürlicher als die Frühjahrsbepflanzung aus.

Einige Ein- und Zweijährige (wie *Galactites tomentosa*, *Digitalis*, einige *Apiaceae* oder *Eschscholzia*) säe ich noch Anfang Oktober an Ort und Stelle im Garten aus. Die Sämlinge überwintern im Garten und können im Frühjahr auf das gewünschte Maß reduziert werden. Wer einjährige Duftwicken (*Lathyrus odoratus*) liebt, kann diese für eine frühe Blüte ebenfalls ab Ende Oktober im Treibhaus einzeln in kleine Töpfe aussäen, die gekeimten Sämlinge kalt, aber frostfrei überwintern und im April auspflanzen.

Frühlingsblühende Gehölze, die ihre Knospen bereits im Herbst ansetzen, beobachte ich nun genau. Ist der Knospenansatz sehr dürftig, weist dies auf sommerlichen Trockenheitsstress hin. Wer dies in seinem Gartenarbeitsbericht vermerkt, kann unlängst gepflanzte Gehölze im nächsten Jahr zielgerichtet wässern, Eingewachsenes durch Mulchschichten feuchter halten oder muss gegebenenfalls den Standort überdenken.

Eventuelle Unterteller unter Kübelpflanzen, die im Sommer das Gießen optimieren, sollten nun entfernt werden, um Fäulnisschäden im Wurzelbereich zu vermeiden.

Manchmal fallen nach kalten Nächten einige weichlaubige Stauden, wie *Hosta*, bereits im Oktober in sich zusammen. Ihr Laub schneide ich dann selektiv heraus und bringe es auf den Komposthaufen.

Den niedrigem Oktober-Wasserstand an Teichen sollte man zur Pflege der Randbepflanzung nutzen.

Kollabierte Hosta nach kalten Nächten entfernen wir.

HERBST / NOVEMBER

/NOVEMBER

Der Duft von vergehendem Farnlaub ist schwer zu beschreiben, doch ich liebe ihn sehr. Links steht eine Gruppe von Straußenfarnen (*Mattheuccia struthiopteris**), rechts kollabiert in herbstlicher Schönheit das Laub des Perlfarnes (*Onoclea sensibilis*).

* *Mattheuccia struthiopteris* S. 130

Ach, der November ... Der elfte Monat im Jahr ist für die meisten Gartenbesitzer nur ein Intermezzo zwischen den prächtigen Herbstfarben des Oktobers und der adventlich-glanzvollen Stimmung des Dezembers, wenn fruchtbehangene Stechpalmenzweige (*Ilex* in Arten und Sorten) und Mistelzweige (*Viscum album*) für gebührend vorweihnachtliche Stimmung sorgen.

Doch ich will ein Loblied auf diesen späten Monat im Garten singen! Denn ab November schälen sich die Grundstrukturen des Gartens heraus. Was man in England als „backbones of the garden" bezeichnet, ist mir besonders wichtig. – Hinfort mit dem Schwanenmantel aus Üppigkeit und überquellender Farbenpracht! Weg mit dem Blütentand und den bunten Augenwischereien! Mit jedem fallenden Herbstblatt, mit jeder einschlafenden Petale, mit jedem Entbehren von Augenschmeicheleien schält sich das Grundgerüst des Gartens heraus.

Kein Gartenspaziergang ist ehrlicher als ein Novemberrundgang. Dieser Monat fordert alle Sinne. Stark wird nun die Szene von diesig-verklärten Lichtstimmungen beherrscht, aus denen zuvor im Schatten stehende Stammstrukturen, Immergrünes und Formschnitte hervortreten. Und dann diese seltsam berührenden olfaktorischen Novembereindrücke: Ungeschönt und kraftvoll begleiten sie meine Novemberspaziergänge. Es riecht nach Harz, nach Pilzen, Gerbsäure und nach den letzten ätherischen Ausdünstungen der Pflanzen. Chrysanthemenlaub und Rosmarin, Küchenlorbeer und Thymian nimmt man in der feuchten Luft verstörend intensiv war, wenn man sie im kälteflüchtigen Vorbeigehen streift. Erstmals ist im November der warmsüße Duft von Wintertreibhäusern bemerkbar, der mich seit meiner Kindheit begleitet. Der torfig-seltsame Geruch unseres ehemaligen „Dahlien-Kellers" bleibt hingegen eine frühe Novembererinnerung an die Gärtnerei meiner Großmutter. Manche Geruchserinnerungen drängen sich aber unweigerlich und in schöner Regelmäßigkeit an die Oberfläche meines Erwachsenendaseins – das vergehende Farnlaub riecht auch im HORTVS so wie früher in den Schnittgrüntreibhäusern meiner Familie.

Im November regt sich neues Leben. Bei der Gartenarbeit achte ich bereits jetzt auf mögliche Triebspitzen früher Zwiebelpflanzen unter den gefallenen Blättern.

Verschleiertes Licht ist dem November gemein. Als Kind erzählte ich begeistert: „Einmal hatte ich an meinem Geburtstag sogar Sonne bis zum Mittagessen!" Und wahrlich, wenn sich im November die Sonne zeigt, dann nicht ohne Effekt. Aber das seltene, fahle Novemberlicht gleicht mir nicht dem vierten apokalyptischen Reiter. Es ist kein Licht des Todes, sondern vielmehr das Licht der Auferstehung. Im November wächst der Garten!

Zuvor gepflanzte Blumenzwiebeln treiben Wurzeln, viele Stauden fangen unter dürren Stängeln an zu sprossen, Winterannuelle keimen, Gehölzknospen schwellen. Beinah verspüre ich Mitleid mit den Pflanzen. Kommt ihr denn niemals zur Ruhe? „Nein", sagen sie, „aber Menschen haben schon immer ihre eigenen Interpretationen gehabt."

Und tatsächlich unterteilen viele Gartenbesitzer noch immer die vier Jahreszeiten wie folgt: Der Frühling entspricht der Auferstehung, der Sommer dem Jubel, der Herbst der Fülle mit abschließender Melancholie und der Winter dem Tod.

Das ist natürlich nur unsere zweidimensionale Sichtweise. Vielleicht stammt diese strikte Unterteilung noch aus agrarisch geprägten Zeiten, in denen es schlicht ums Ernten ging – womöglich auch aus kälteren Zeiten und Regionen. Fakt ist, dass der Natur von Anbeginn ein rastloses Fortschreiten immanent war. Wer dies versteht, wird erkennen, dass im Garten der Herbst die Jahreszeit der Auferstehung ist.

So gibt es im November-HORTVS (und in allen anderen wahrhaften Gärten) im Monat Nummer elf mehr zu entdecken als zu verlieren. Bienen, Wespen und Hummeln hören zwar auf zu summen, doch neue Partygäste kommen hinzu.

Warum sind die Mulchwege in unserem Waldgarten auf einmal in kleinen Teilstücken so zerwühlt? Die nähere Betrachtung verwundert. Sich nur sehr langsam bewegende Haufen olivbrauner Raupen betreiben ihr herbstliches Geschäft. Sie zersetzen organische Substanz an der Erdoberfläche. Diese Raupen sind Larven der Märzhaarmücke (*Bibio marci*). Sie werden im nächsten Frühjahr zu flugfähigen Insekten, welche hilfreich bei der Bestäubung von Blütenpflanzen sind. Die Raupen fressen vornehmlich Abgestorbenes, doch als Allesfresser stehen auch Aas und lebendes Pflanzenmaterial auf ihrem Speiseplan. Sie sind wichtiger Bestandteil des funktionierenden Ökosystems Garten. Ich freue mich, auf die (wahrlich nicht schönen) Raupenhaufen zu treffen. Wer sie nicht kennt, meint etwas Böses im Garten zu finden. Und leider geben populäre Internetauskünfte dem ahnungslosen Gartenbesitzer einen schlechten, weil für diese nützlichen Kreaturen tödlichen Rat: bekämpfen.

Wohin sind wir nur gekommen, wenn wir zeitgleich Angst vor „Fremdem" (nicht-heimische Pflanzen) zeitgleich aber auch vor „heimischen" Faltern (Eichen-Prozessionsspinner) haben? Und warum weigern wir uns so vehement, natürliche Prozesse verstehen zu wollen (nicht jedes Gewächs aus fernen Ländern ist ein gefährlicher Neophyt, und die enorme Verbreitung des für Menschen

Noch beglückt das Novemberbild im Feuchtgarten: Die eleganten Gräserhorste von Hohem Pfeifengras (*Molinia caerulea* ssp. *arundinacea*) werden voraussichtlich bis in die Weihnachtszeit stehen bleiben, bevor sie zusammenfallen.

Ein stimmungsgeladener Waldgarten-spaziergang bei schrägem Novemberlicht, inmitten der subtilen Farbpalette aus kupfernem Sumpfzypressenfalllaub (*Taxodium distychum*) und dem einzig-artigen Lindgrün des Japanwaldgrases (*Hakonechloa macra* 'Stripe it Rich').

Auf den Mulchwegen, die in und durch unseren Waldgarten führen, findet man dieser Tage manchmal die kuriosen Raupengruppen der Märzhaarmücke (*Bibio marci*).

und Haustiere tatsächlich höchst gefährlichen Eichen-Prozessionsspinners liegt in erster Linie an den dramatischen Klima- und Umweltveränderungen, die der Mensch so intensiv vorantreibt).

Nach der Raupenbetrachtung von *Bibio marci* werde ich beim Aufrichten fast von einem Schwarm Schwanzmeisen (*Aegithalos caudatus*) über den Haufen geflogen. „Hey, wer seid ihr?", will ich dem Trupp hinterherrufen, „Kelten oder Römer?" Schmunzelnd ziehe ich weiter, und mir ist es egal, ob mich gerade die „heimischen" *Aegithalos caudatus europaeus* oder die von Norden und Osten als Wintergäste zufliegenden *Aegithalos caudatus caudatus* übersehen hatten. Beide Formen gleichen sich sehr, nur fallen die Wintermigranten durch ihr deutlich helleres, fast reinweißes Kopfgefieder auf. Zuweilen treten auch Mischformen auf, die man (je nach Grad der Kopffärbung) in Untergruppen einteilen kann. – Oh je, wie können wir Menschen doch einfältig sein in unserem Klassifizierungswahn.

Jetzt aber Augenmerk auf den Garten. Was wollte ich im November noch alles tun? Nun, sehr matschige Stängel und Laub von im ersten Novemberfrost zusammengekrachten Stauden sollte ich entfernen oder zu Boden drücken. Hierzu zählt sowohl der blattschöne Knöterich (*Persicaria microcephala* 'Red Dragon'), einige *Hosta* wie auch der herrliche Stauden-Buchweizen (*Fagopyrum dibotrys*). An geschützter Stelle haben Japanischer Waldmohn (*Eomecon japonicum*) und hartlaubige Rodgersien die erste frostkalte Nacht am Anfang des Monats noch gut überstanden. Sollten die Temperaturen jedoch unter minus 3 °C gehen, werden auch sie kollabieren, und ihre breiigen Triebe entferne ich dort, wo sie mich optisch stören oder andere Pflanzen bedrücken.

Warum mache ich das, warum entferne ich den November- und Dezember-Blattmatsch? In der Natur macht dies doch auch niemand ohne Grund. Und für die Raupen von *Bibio marci* und für viele Kleinstlebewesen wäre der frostzerdrückte Pflanzen-Smoothie doch ein Fest! Nun, ich vergleiche es mit dem notwendigen „Abplaggen" von Heideflächen (also dem regelmäßigen Entfernen der obersten Vegetationsschicht in Heidelandschaften, um diese vor Verbuschung und Verwaldung zu bewahren). Denn es gibt menschengemachte Habitate (wie Heidelandschaften, aber auch Gärten), die regelmäßiger Pflege bedürfen um fortzubestehen. „Aber dann ist es ja schließlich keine Natur mehr!" – Dieser Ansatz ist argumentativ zulässig. Paradoxerweise versprechen gerade solche vom Menschen gepflegten „offenen Landschaften" vielen rar gewordenen Organismen besonders ideale Siedlungsmöglichkeiten. Grasende Wildrinder und Wildpferde haben zu längst vergangenen Zeiten solche Habitate „gepflegt" – zur Erhaltung offener Flächen müssen heute Menschen agieren. Gärten müssen hier definitiv hinzugerechnet werden. Wer in seinem Garten überlegt und ökologisch sinnvoll pflegt, erhält eine biodiverse offene Landschaft – Heimat von erstaunlich vielen Gattungen und Arten aus der Tier- und Pflanzenwelt. Zusätzlich wird der Garten zu

Nur noch für wenige Stunden ein Blattkunstwerk: Einige weichstielige Stauden, wie der fantastisch gemusterte Knöterich *Persicaria microcephala* 'Red Dragon', fallen nach dem ersten Frost komplett in sich zusammen. Frosthart ist diese Pflanzenschönheit bei uns jedoch unbedingt.

einem aktiv-kreativen und sehr erfüllenden Außenraum für den Besitzer und seine Mitmenschen. Die Antithese hierzu wäre es schließlich, die Pflege und damit den Garten als solchen aufzugeben und ihn verwalden zu lassen. Ein Gedankenspiel, dass mir – so wie vielen meiner Gartenfreunde – schon des Öfteren in den Sinn gekommen ist. „Was passiert denn, wenn du einmal nicht mehr kannst?" Eine mit dem Damoklesschwert bewehrte Frage, für die jeder Gartenbesitzer früh genug Lösungsansätze ausarbeiten sollte, ohne den privaten Naturraum veräußern zu müssen.

Fest steht, dass ohne jegliche Gartenpflege, von ganz allein, in einem kurzen Zeitraum von weniger als einem halben Jahrhundert, in jedem Garten der gemäßigten Breiten ein klassischer Mischwald entstünde. Vielleicht schön gedacht, doch meist unrealistisch und heutzutage sogar kontraproduktiv, da in Gärten deutlich mehr Wildtiere siedeln können als im finsteren Wald ... Diese seltsame Erkenntnis mag sich für Naturliebhaber zunächst wie eine zurechtgebogene Theorie anhören: Was kann schließlich sinnvoller sein, als die Natur gänzlich in Ruhe zu lassen? Doch, wie gesagt, können mitunter menschengemachte Kulturlandschaften in all ihrer Heterogenität und Komplexität deutlich mehr Organismen Nahrung und Zuflucht versprechen als manch ein frei gewachsenes Habitat. Solche wären zwar streng genommen das Nonplusultra einer menschenlosen Welt, doch fehlt mit der steten Ausbreitung des Homo sapiens sapiens nun ganz einfach der Platz. Will meinen, dass wir Menschen uns mittlerweile derart breitgemacht haben, dass alle in Privat- und Kommunalbesitz befindlichen Grünflächen (Gärten, Parks, Außenanlagen von Wohnsiedlungen, Firmen und Kommunen etc.) zur Erhaltung der Biodiversität und des Klimas ökologisch zweckoptimiert sein sollten.

Nach den ersten leichten Frostnächten schreiten wir also zur Novemberpflege des Gartens. Im Vergleich zu den Anfangsjahren im HORTVS hält sich das Arbeitspensum mittlerweile im Rahmen. Gab es anfänglich noch allzu viele Flächen mit recht spärlichem Bewuchs, so ist der Garten nun gereift. Mein Ziel, möglichst jeden Quadratzentimeter an Beetfläche mit Pflanzen belegt zu haben, ist seit Längerem erreicht. Doch jetzt gilt es, einen gewissen Status quo zu halten. Das soll gewiss nicht bedeuten, dass ich das Gartenbild auf einen bestimmten Zustand einfrieren möchte. Nein, jeder Garten soll und wird zwangsläufig Veränderungen unterworfen sein – er wandelt sich ständig. Wenn ich in meine Pflanzenlisten mit all den Gewächsen schaue, die irgendwann einmal einen Platz im HORTVS fanden, dann fällt es nicht immer leicht einzugestehen, dass einige Gewächse für diesen Garten schlichtweg ungeeignet waren. Wer sich der Schatztruhe der schier unendlichen Möglichkeiten an potenziellen Gartenpflanzen bedient, wird schnell und immer wieder von Begierde ergriffen werden. So vieles ist von mir noch nicht entdeckt, so viel habe ich noch nicht ausprobiert. Auch wird sich, wer sein Herz an bestimmte

Im Gegensatz zu einigen feuchteren Gartenbereichen im HORTVS bleiben im Kiesgarten nahezu alle Stauden und Gräser auch nach Frostnächten hervorragend stehen und lassen diesen Gartenteil den gesamten Winter über üppig und voller Pflanzenwunder erscheinen.

Gattungen verlor, einer gewissen Sammelleidenschaft schwerlich erwehren können. Aber noch lange nicht jede Neuentdeckung und schon gar nicht jeder neue „Zuchterfolg" ist gartenwürdig. Wie leicht lassen sich dichte Bestände von Blauem Scheinmohn (*Meconopsis*) erträumen (dieser mag im sommerkühlen Schottland funktionieren, in unseren heißen Sommern muss er versagen)? Wie berauschend wäre ein Steppengarten voller Trichterschwertel (*Dierama*) (dieser ist viel zu winterwärmeliebend, um hierzulande dichte Bestände aufzubauen)? Natürlich gilt auch in solchen Fällen die oberste Gärtnerprämisse: ausprobieren! Doch manchmal muss man einfach eingestehen, dass der eigene Garten kein gerechter Ort für gewisse Pflanzen sein kann, und man sollte sich lieber auf jene Pflanzen konzentrieren, die nachhaltig funktionieren können.

Anders verhält es sich mit Gewächsen, die durchaus gerne bleiben würden, sogar sehr gut gedeihen und das Potenzial hätten, ihre volle Schönheit auszubilden, jedoch recht konkurrenzschwach sind. Hier kann es passieren, dass man heiß geliebte Gartenschätze an die Expansionswut schnellwachsender Nachbarpflanzen verliert. Der Verdrängungstot von innig begehrten Pflanzenraritäten kann ein schleichender Niedergang sein und findet meist unbemerkt statt. Auch mir ist es schon passiert, dass ich erst lange nach dem Verschwinden einer begehrenswerten Art den Verlust bemerkte. „Fehlt in dieser Frühlingskombination nicht leuchtkräftiges Blau?" – Meine schönen *Hepatica*-Bestände hatten sich irgendwann in Luft aufgelöst – stattdessen breitete sich nun ein zwar ebenfalls schöner, doch alles vereinnahmender Teppich von *Pachyphragma macrophyllum* aus. Oder: „Gab es hier nicht einmal viel mehr vertikale Strukturen?" – Der Rauling (*Trachystemon orientalis*) hatte sich derart breitgemacht, dass er in diesem Beet restlos die schönen Gruppen von *Veratrum maackii** verschlungen hat. Solcherlei Beispiele lassen sich immer wieder und in nahezu jedem Garten finden. Manchmal lässt sich der Exodus einer bestimmten Pflanze durch Nagetiere oder Krankheitsbefall erklären. Und in wieder anderen Fällen haben sich schlichtweg die Lebensbedingungen im Beet derart verändert, dass beispielsweise in ehedem vollsonnigen Bereichen nun durch Gehölzwachstum tiefster Schatten herrscht. Im abgegrenzten Lebensbereich Beet ohne Ausweichmöglichkeiten kommen alle diese Faktoren nicht selten einem Todesurteil gleich.

Auf meinen Novemberspaziergängen steht das Erkennen drohender Verluste ganz oben auf der Liste der Betrachtungen. Hierbei verlasse ich mich keineswegs nur auf das eigene Erinnerungsvermögen, sondern studiere gewissenhaft alte Fotos und ziehe meine Gartenaufzeichnungen zurate. So gelang es mir schon des Öfteren, unter dichten Bodendeckerteppichen oder begraben unter den wintergrünen Blattrosetten von Fingerhut und Co. die letzten Überbleibsel einer bestimmten Pflanze vorzufinden und jene zu retten, um sie später wieder im Garten etablieren zu können. Bei echten Gartenschätzen, die gar nicht so

* *Veratrum maackii* S. 270

einfach wiederzubeschaffen wären oder an denen ein emotionaler Wert hängt (die *Cyclamen* aus Großmutters Garten ...) hilft ganz bestimmt das gute alte englische Sprichwort: „If you want to keep your plants – give them away.“ Will meinen: Teilstücke oder Stecklinge an befreundete Gartenbesitzer zu verschenken, kann im Zweifelsfall eine wunderbare Rückversicherung darstellen.

Üppiges Pflanzenwachstum im Feuchtgarten: Wenn sich die Gartenbühne im November allmählich ein wenig leert, analysiere ich, ob noch all meine Pflanzenschätze vorhanden sind oder bereits von starkwüchsigen Nachbarn bedrängt werden.

In den etwas feuchteren Bereichen des Kiesgartens gedeiht *Lysimachia ciliata* 'Firecracker', hier im Bildvordergrund, zufriedenstellend. Nach feuchten Sommern kontrolliere ich, ob ihr Ausbreitungsdrang nicht zartere Nachbarpflanzen zu verdrängen droht.

Einige von mir heiß geliebte Gartenpflanzen, die man jedoch im Auge behalten sollte, da ihr allmählicher Verdrängungsdrang andere Gartenpflanzen schlichtweg über Bord werfen kann:

- Rauling (*Trachystemon orientalis*)
- Beinwell (*Symphytum*)
- einige Elfenblumen (*Epimedium**)
- Straußenfarn (*Mattheuccia*)
- Perlfarn (*Onoclea*)
- Tüpfelfarne (*Polypodium*)
- Kaukasusvergissmeinnicht (*Brunnera*)
- bodendeckende Johanniskräuter (*Hypericum*)
- Großblättriges Milzkraut (*Chrysosplenium macrophyllum**)
- Schneemohn (*Eomecon chionantha*)
- winterharte Lieschen (u. a. *Impatiens omeiana*)
- Pestwurz (*Petasites**)
- ausläufertreibende Lilientrauben (u. a. *Liriope spicata*)
- einige Schlangenbart-Arten (u. a. *Ophiopogon bodinieri, O. wallichianum*)
- wüchsige Salomonsiegel (*Polygonatum*)
- einige Storchschnabel-Arten (*Geranium*)
- Herbst-Anemonen (unter anderem *Eriocapitella hupehensis*)
- kurzlebige und einjährige Gräser, die sich im Garten durch Selbstaussaat erhalten müssen (u. a. *Nasella tenuissima*)
- im Grunde alle wüchsigen, immergrünen Bodendecker
- einige Ein- und Zweijährige sowie Stauden, die zur Selbstaussaat neigen (u. a. *Digitalis, Angelica, Onopordum, Eryngium giganteum**, *Pseudofumaria* usw., aber auch Astern, Phlox, Astilbe und Co.)
- sich stark versamende Zwiebelpflanzen, wie Hasenglöckchen (*Hyacinthoides*) oder Traubenhyazinthen (*Muscari*)
- und letztlich fast alle wüchsigen Pflanzen, die sich über kriechende Rhizome ausbreiten.

* *Epimedium* S. 93 *Chrysosplenium macrophyllum* S. 280 *Petasites* S. 217 *Eryngium giganteum* S. 115, 162

Polygonatum

Eriocapitella hupehensis

Nasella tenuissima

Eomecon chionantha

Veratrum maackii

Petasites

So üppig mit Pflanzen gefüllt müssten alle Beete in Hausgärten sein. Da unterschiedliche Pflanzen jedoch unterschiedlich schnell wachsen und langsamwachsende Arten verloren gehen könnten, gilt es, die Biodiversität langfristig durch gärtnerisches Eingreifen zu erhalten.

Im November lassen sich pflanzliche Zurechtweisungen, also die gezielte Reduktion einiger zum Wohle anderer, hervorragend vornehmen. Denn noch erkenne ich nahezu alles, was im Beet steht, und laufe kaum Gefahr, das Gartenbild unschön zu durchwühlen, so wie es im Frühjahr oder Sommer sicherlich geschähe. Bei dieser Arbeit gehe ich mit Bedacht und äußerster Sorgfalt vor, denn man kann nie wissen, was sich unter einer scheinbar uniform geschlossenen Pflanzenfläche noch so alles verbirgt. Deshalb kommen im HORTVS für solche Arbeiten ausschließlich Grabegabeln (und keine alles zerschneidenden Spaten) zum Einsatz, die wir „von hart bis zart" im Werkzeugfundus haben. Von der schweren Volleisengabel zum Ausgraben von Großstauden bis zum zierlichen, gerade einmal kniehohen Leichtmodell ist für jede Gartensituation die richtige Gabel dabei. Allerkleinste Eindringliche entferne ich hingegen mit einem Hand-Jätehaken.

Die große Krux beim Zurechtweisen forschwachsender Arten ist sicherlich, überhaupt zu erkennen, was stehen bleiben darf und was gehen soll. So fragten meine Mitarbeiter im letzten Spätsommer etwa, ob sie den Waldmeister (*Gallium odoratum*), der langsam in eine benachbarte Fläche aus Schwarzem Schlangenbart (*Ophiopogon planiscapus* 'Nigrescens') einwuchs, entfernen sollen. Welch schwierige Frage! Zur Erinnerung zeigte ich Fotos der weißen Waldmeisterblüten im Mai, unterlegt mit dem Apfelgrün ihrer eigenen Frühjahrsblätter und das Ganze so aufregend kontrastiert vom Dunkel der Schlangenbarthorste. Ein klares „Jein" war die Antwort – also Reduktion, aber nicht Entfernung. Die Ästhetik des HORTVS' zeichnet sich gerade durch das sachte Verweben unterschiedlicher Pflanzenarten aus. Wann diese gärtnerische Herangehensweise aus oben genannten Gründen gefährlich wird, man eventuell wichtige Pflanzen zu verlieren droht, unterliegt der ständigen Kontrolle und dem augenblicklichen Handeln des Gärtners.

Bei versamungsfreudigen Gartenpflanzen, wie *Helleborus argutifolius* (Vordergrund) oder *Eryngium giganteum* (Bildmitte, rechts), müssen wir Jahr für Jahr entscheiden, wie viele der Sämlinge zur Erhaltung stehen bleiben sollen.

Eingang in den Waldgarten nach novemberlichem Morgenfrost.

PRAXIS / BEETPFLEGE

Das unverzichtbare Diamant-Reitgras (*Calamagrostis brachytricha*) versamt sich an ihm zusagenden Gartenorten. Wo will man es noch haben – wo sollte es entfernt werden?

Mehr Platz für Schattenstauden unter aufgeasteten Bäumen und Sträuchern

Von der imposanten zweijährigen Erzengelwurz (*Angelica archangelica*) lassen wir nur einen Bruchteil der Sämlinge stehen und entfernen nach der Blüte sogar die Blätter.

EINIGE FRAGEN, DIE SICH JEDER GÄRTNER BEI DER BEETPFLEGE STELLEN SOLLTE

Gehört diese Pflanze auch wirklich in diesen Gartenteil? Oder ist sie möglicherweise mit dem Kompost oder dem Wind hierhergekommen? Es macht keinen Sinn, bestimmte Pflanzen durch alle Gartenteile wandern zu lassen. Auch wenn beispielsweise *Verbena bonariensis** noch im halbschattigen Waldsaumbereich gedeiht, sieht sie stimmiger im Sonnengarten aus. Wenn einige Pflanzen überall stehen, verwischt dies mitunter den Spannungsaufbau der Gesamtgestaltung.

Zu welcher Größe wächst dieser Sämling einmal heran? Siebzehn Erzengelwurze (*Angelica archangelica*) auf einem Quadratmeter kultivieren zu wollen, macht selbstredend keinen Sinn – eine Pflanze reicht pro zwei Meter satt.

Wie breit wird dieser Sämling wohl werden? So hübsch die immergrüne Jungpflanze von *Iris foetidissima* hier im Beet mit alpinen Gartenschätzen auch aussieht – wie viele Raritäten wird sie wohl bald schon unter sich begraben?

Sind meine Wege und Flächen noch dort, wo ich sie haben möchte? Oder hat Pflanzenwachstum im Laufe der Zeit meine ursprüngliche Planung ad absurdum geführt? Gleicht der bewusst schnurgerade Gartenweg durch seitliches Einwachsen mittlerweile eher dem Lauf der Mosel?

In welche Gartenarbeit stecke ich meine Energie zuerst? Oftmals ist es verlockend, Neues anzulegen, der Altbestand schreit jedoch förmlich nach Zuwendung. Nur wer Bestehendes im Griff hat, darf neue Arbeitsfelder eröffnen.

Ist die in einem Gehölzschnittbuch empfohlene Rückschnittmethode für diesen Gartenteil die richtige? Starker Rückschnitt fördert bekanntlich das Wachstum. Will ich hier tatsächlich ein höhenreduziertes Gehölz, welches im regelmäßigen Turnus immer wieder beschnitten werden muss, oder denke ich neu und aste diesen Strauch oder jenen Baum lieber von unten auf, schneide ihn im Kronenbereich lichter und habe dann einen wunderbaren Pflanzort für (Schatten-)Stauden darunter?

Habe ich den richtigen Reduktionstag erwischt? Aus eigener Erfahrung kann ich berichten, dass längst überfällige Reduzierungen sehr geliebter Pflanzen (Astern, *Oenothera lindheimeri**, *Filipendula*, *Inula*, *Telekia*, *Hemerocallis* u. v. a.) an manchen Tagen besser von der Hand gehen als an anderen. An den zögerlichen Tagen wechsle ich lieber in den Raritätengarten oder ins Treibhaus. Tage, an denen man von Aufräumwut gepackt ist, eignen sich für Reduktionsmaßnahmen im Beet deutlich besser. Doch Vorsicht! Mitunter kann man in einen wahren Entfernungswahn verfallen. Solche „Radikaltage" könnte man später bereuen …

* *Verbena bonariensis* S. 115 *Oenothera lindheimeri* S. 88, 171

PRAXIS / PFLEGEMASSNAHMEN IM NOVEMBER

Bei Rückschnittmaßnahmen von nicht-winterstandfesten Stauden, die jedoch sehr früh wieder austreiben, wie Pfingstrosen (*Paeonia*) oder Waldlilien (*Trillium*), markiere ich nach dem Rückschnitt den Standort der Pflanze mit einem Stöckchen. Das gleiche gilt für trittempfindliche Rhizomstauden, wie Salomonsiegel (*Polygonatum*) oder Ingwergewächse.

Im November lassen sich ungewollte Verschiebungen von Pflanzkombinationen bestens analysieren und ggf. beheben (siehe S. 219).

Reduktionsschnitte an Gehölzen führe ich mittlerweile bereits lieber im Oktober (spätestens jedoch Anfang November) aus, denn noch kann ich die darunterliegenden Staudenflächen einigermaßen schonend betreten, ohne bereits austreibende Geophyten zu schädigen.

Gehölzschnitte an frühjahrsblühenden Gewächsen verschiebe ich dabei aufs Frühjahr (nach der Blüte), um mir und den Insekten die Blütenfülle nicht entgehen zu lassen. Doch ohne im November erstellte Listen, in denen alle Gehölze, die ich nach der Blüte beschneiden muss, vermerkt sind, würden sicherlich wichtige Arbeiten im Frühjahrstrubel des nächsten Jahres versäumt werden – also besser auf Termin legen!

Alle Schnittmaßnahmen an kälteempfindlichen Gartenpflanzen, wie an Feigen (*Ficus carica*), Südhemisphären-Gehölzen und an mediterranen Halbsträuchern (Lavendel etc.), sollten immer erst im Frühjahr stattfinden. Gleiches gilt für alle stärkeren Reduktionsschnitte an Immergrünen!

Viele Winterannuellen sind im November bereits gekeimt; ein zielgerichtetes Auslichten, erforderliche Reduktionen und selbst Verpflanzungen kann man nun bestens vornehmen.

Gartenbereiche, die im Oktober noch tadellos aussehen, lassen wir selbstredend unangetastet.

Bereits gekeimte Ein- und Zweijährige lichte ich ab November aus, um den verbliebenen Sämlingen Platz für ihr Frühjahrswachstum zu verschaffen.

Einige Stauden bilden bereits oberirdische Triebspitzen für das nächste Frühjahr – Obacht beim Betreten der Beetflächen!

Von Rasenflächen und Immergrünen entferntes Laub gehört nicht in die Biotonne! Wo es die Bepflanzung zulässt, wird die im Garten entstandene Biosubstanz direkt unter Sträucher und Co. (meist in den hinteren Beetbereichen) ausgebracht. Aus einem eventuell anfallenden Zuviel an Falllaub bereiten wir einen separierten Laubkompost, der etwa zwei bis drei Jahre reifen sollte. Zur Neupflanzung und zur Beetabdeckung gibt es kein besseres Material!

Unsere zweihundert Meter lange, nicht-laubhaltende Hainbuchenhecke (*Carpinus betulus*) ist ab Ende November völlig kahl. Ein zusätzlicher Feinschnitt im Winter lässt die Hecke im Frühjahr klar und formbetont austreiben. Diese Arbeit könnten wir zwar auch noch im Februar ausführen, dann haben wir jedoch Besseres zu tun.

In den Treibhäusern begünstigt ab jetzt das nass-kalte Wetter Grauschimmelbildung (*Botrytis*), ständige Kontrolle und Entfernung aller abgestorbenen Pflanzenteile tut von nun an Not. Bis zum kommenden Frühjahr darf diese Arbeit nicht vernachlässigt werden. Wer dies beherzigt, kann auf den Einsatz chemischer Antipilzmittel verzichten.

Noch immer warten einige ungepflanzte Zwiebellieferungen auf Versorgung. Dort, wo ich weiß, was ich tue, pflanze ich nun diese letzten Geophyten. Aber wenn ich mir unsicher bin, ob der ausgesuchte Platz stimmig ist, ob vielleicht schon jemand hier schlummert, topfe ich doch lieber die Zwiebeln, überwintere sie im kalten Kasten und pflanze erst im Frühjahr aus. Denn dann sieht man viel besser, was man im Frühlingsbild ergänzen sollte.

Bei allen Kübelpflanzen, die im Winter im Haus stehen, ist auf ein passgenaues Wassermanagement zu achten.

Einige (halb-)immergrüne Pflanzen, die zudem nässeempfindlich sind, konzentrieren sich ab November auf ihre inneren Blattrosetten oder Austriebszentren. Überhängende, langsam vergehende Blätter von beispielsweise Königskerzen (*Verbascum*), Fackellilien (*Kniphofia*), Woll-Ziest (*Stachys byzantina*) oder Muskateller-Salbei (*Salvia sclarea**) reduziere ich auch im November auf ihre aktive Mitte. So vermeide ich etwaige Fäulnis – und es sieht auch besser aus.

* *Salvia sclarea* S. 115, 161

WINTER / DEZEMBER

DEZEMBER

Sirenenhafte Gartenstimmungen im
dezemberlichen HORTVS.

Der Dezember ist bekanntlich der kürzeste Monat im Jahr. In steter Regelmäßigkeit scheint sich zu Ende des Jahresgeschehens ein wahrer Berg von Dringlichkeiten aufzuhäufen. Natürlich soll dieser Berg vor den Feiertagen noch hinweggeschafft werden. Dann drängen sich auch noch zeitraubender Büro- und lästiger Papierkram in die durch Lichtarmut reduzierten Tage voller privater und geschäftlicher Notwendigkeiten. Und zum Ende des Monats verkürzen die Feiertage den Dezember zusätzlich um eine Woche.

Für mich ist der Garten auch in diesen eilenden Wochen mein fester Ankerpunkt. Was kann schöner sein, als in den turbulenten Wochen vor dem Jahreswechsel tatsächlich dann und wann Zeiten der Ruhe und Muße zu finden? Mein Garten garantiert mir dies – egal bei welchem Wetter, und am liebsten bin ich dann ganz für mich allein.

Von meinem Bürofenster unter dem Dach schaue ich direkt auf den Wiesenkreis mit seinem nun schon glühenden Ring aus borkenfärbenden Hartriegelsträuchern (*Cornus*) und farbprächtigen Weiden-Sorten (*Salix*) im Zentrum. In Kombination mit den noch immer raumfüllenden Stauden- und Gräserfruchtständen im inneren Bereich des Kreises, tummeln sich hier an einigen Dezembernachmittagen meine persönlichen Sirenen. Die Lichtstimmungen in diesem westlich gelegenen Gartenteil sind in der späten Dezembersonne mitunter so betörend, dass kein lichter Tag vergeht, an dem es diesem Gartenteil nicht gelänge, mich aus dem Büro zu locken. Wer könnte dem leuchtenden Gesang von Farben und Formen schon widerstehen? Ich müsste mir schließlich Odysseus' Wachs nicht nur in die Ohren, sondern vor allem auch in die Augen stopfen! Willenlos stürme ich also die Treppen hinunter und lasse die Dezemberzauberei in mich strömen. Wie Flocken aus dünnstem Japanpapier glühen die trockenen Doldenfrüchte von *Patrina* aff. *punctiflora* im Licht. Sie stehen in herrlichstem Kontrast zu düster-schlanken Samenkerzen von *Agastache nepetoides*. Die bunten Borken der Hartriegelumrandung mit ihrer sattgrünen Seggen-Untermalung (*Carex morrowii* 'Irish Green') stehen davor, und alles verschmilzt zu einem unfassbaren Ganzen.

Unten im Garten ist die Wirkung des Lichtes noch viel stärker als vom hohen Fenster aus betrachtet. Ich tauche ein in diesen magischen Winterkreis und bin umgeben von Schönheit. Netterweise haben meine HORTVS-Sirenen nicht dieselben Tötungsabsichten wie ihre Schwestern aus der griechischen Antike. Sie entlassen mich, nach angemessener Zeit, beseelt zurück in den unvermeidlichen Dezembertrubel des Planungsbüros. Nach meiner Rückkehr an den Schreibtisch fühle ich mich befreit und gestärkt, und auf wunderbare Weise fällt die Arbeit nun leichter und ist auch merklich effizienter. Diesen Effekt sollte jeder Gartenbesitzer an jedem Tag des Jahres ausnutzen und genießen.

An anderen Dezembertagen streife ich durch den Garten, um seinen Pflegezustand zu ermitteln. Denn ich weiß, dass das gestaltete Gartenbild fortwährender Pflege bedarf, damit es erhalten bleibt.

Am Anfang des Monats starte ich meine Tour durch den HORTVS im Waldgarten in südöstliche Richtung. Ich freue mich über die nun merklich vorhandene Feuchtigkeit. Dank der regelmäßigen Regenfälle der letzten Wochen kann ich die Durchfeuchtung des Oberbodens (die ersten 25 cm) nun wieder als normal bezeichnen. Die Waldgartenteiche und -gräben führen endlich wieder Wasser, und an vielen Stellen reicht die Feuchtigkeit auch in tiefere Bodenschichten. In Bereichen mit eingewachsenen Gehölzen und unter dem Kronendach von Immergrünen sieht es jedoch noch immer anders aus. Beim Verpflanzen von zu eng stehenden Gehölzen waren meine Gärtner und ich doch sehr erstaunt, dass der Boden ab vierzig Zentimetern Tiefe staubtrocken war. Wenn dieses ungewöhnliche Winterphänomen sogar im (bearbeiteten) Gartenboden erkennbar ist, wie sieht es dann erst in unseren Wäldern aus? Das Helmholtz-Zentrum für Umweltforschung weist für unseren Bereich Deutschlands noch immer eine „schwere Dürre" bis 1,8 Meter Bodentiefe aus. Noch ärger trifft es seit Jahren einige Teile im Osten der Republik.

Trotzdem kann ich behaupten, dass das durchschnittliche Wetter in den letzten Dezembern recht normal für unsere Region verlief: ein steter Mix aus Regen- und Sonnentagen, milde Tages- und Nachttemperaturen ohne nennenswerte Fröste. Dann ab Weihnachten etwas kälter mit Reif am Morgen und Tagestemperaturen um plus 5 °C. Als Kinder konnten wir sicher sein, dass es spätestens zum Silvestertag frostig kalt werden wird, und wir freuten uns aufs Schlittschuhlaufen auf dem sogenannten Fischteich im Hildener Stadtwald. Solche Erinnerungen teilen viele, und irgendwie hören sich diese Geschichten mittlerweile ein wenig abgegriffen und anekdotenhaft an. Doch tragendes Eis auf dem Fischteich habe ich schon sehr lang nicht mehr gesehen …

Natürlich betrachte ich das milde Winterwetter stirnrunzelnd. Dabei wäre es gelogen, wenn ich behaupten würde, dass es mir nicht gärtnerisch auch zupasskäme. Unsere Gartensaison im HORTVS entzerrt sich mit fortschreitender Wintermildheit von Jahr zu Jahr mehr. Wir können nahezu durcharbeiten. Galt es früher, die Staudengärtnerei bis Anfang Dezember „winterfest" gemacht zu haben, also alle kälte- und nässeempfindlichen Topfkulturen geputzt und gemulcht in die Treibhäuser geräumt zu haben, so können wir uns mit dieser aufwendigen Arbeit heutzutage getrost bis Weihnachten Zeit lassen. Auch Mutterpflanzen, die während des Winters für die Staudenproduktion geteilt und getopft werden, grabe ich schon lange nicht mehr vor dem Winter aus, um sie frostfrei zu lagern. Bei uns ist der Boden nun generell nicht mehr über Wochen gefroren.

In der Gartenpflege verhält es sich ähnlich. Eventuelle Winterschutzmaßnahmen für frostgefährdete Gartenschätze fallen immer seltener an. Empfindliches packe ich nicht mehr per se im November dick mit Laub

Noch im Dezember hat der Frost die tropischen Blätter von *Thalia dealbata* am Teichrand nicht geschädigt – milde Wintertemperaturen lassen die Jahreszeiten im Garten verschwimmen.

Ob eine Pflanze laubabwerfend oder immergrün ist, kann mitunter ein Indiz für ihre Frosthärte sein. Die immergrüne *Reineckea carnea* (im Bild hinter dem gelb gewordenen Gras) galt lange Zeit bei uns als nicht zuverlässig winterhart. Seit über zehn Jahren schützen wir im Winter diese schmucken Herbstblüher nicht mehr – ich hatte nie Ausfälle.

und Reisig ein, sondern warte ab, wie sich das Wetter entwickelt. Denn sicherlich fühlt sich jede Pflanze wohler, wenn sie so kurz wie möglich in eine solche wärmende, aber doch sehr einengende Zwangsjacke gesteckt wird. Eine Erfahrung, die Beth Chatto bereits vor mehr als zwanzig Jahren machte. Denn auch im stets milderen englischen Klima gab es früher deutlich frostigere Winter (auch Beth berichtete über Schlittschuhvergnügen in ihrer Kindheit ...). Beth Chatto war wohl eine der ersten Gärtnerinnen, die sich intensiv mit dem Klimawandel befasste. Zu Beginn meiner Anstellung in Beth Chatto Gardens hielt ich ihre steten Ausführungen über das sich wandelnde Weltklima sogar für ein wenig überspannt und dramatisiert. Später zeigte sie mir ihre jahrzehntelangen Wetteraufzeichnungen, die sie gewissenhaft ihr gesamtes Gärtnerleben über führte. Die Daten sprachen eine deutliche Sprache. Aber auch simple Pflanzengeschichten ließen mich aufhorchen. So erzählte Beth mir immer wieder die Geschichte ihres heiß geliebten Neuseeländer Flachses (*Phormium tenax*). Solche imposanten Südhemisphären-Blattschmuckstauden – mit üppigen, immergrünen Blattschwertern – waren, als Beth die ersten Pflanzen erhielt, in Essex definitiv nicht ohne Schutzmaßnahmen durch den Winter zu bringen. Immer wieder verlor sie die herrlichen Gewächse in der kalten Jahreszeit. Wegen ihres „dramatischen" Gartenauftrittes und des herrlichen Kontrastes zu allen anderen Pflanzen ihres Gartens wollte sie auf die Neuseeländer jedoch nicht verzichten. Zum Schutz wurde der Flachs darauf im Herbst aufwendig ausgegraben und getopft, dann frostfrei überwintert, um im Frühjahr zurück ins Beet zu wandern. Mit zunehmender Größe der Pflanzen war diese Arbeit jedoch kaum noch leistbar. Beth entschied sich, die Pflanzen im Boden zu belassen und mit großen Mengen an trockenem Stroh zu schützen. Das ließ diese wärmeliebenden Solitärstauden zwar ohne Frostschäden den Winter passieren, war aber ebenfalls sehr aufwendig und sah schlichtweg bescheiden aus. Ein weiteres Problem des Stroh-Winterschutzes waren Mäuse. Beth kreierte mit ihren Strohhaufen nicht nur einen effektiven Frostschutz für Pflanzen, sondern auch ein Grandhotel für Nager. In etlichen Jahren war nach dem Entpacken ihrer *Phormium* im Frühjahr nicht mehr viel übrig vom eigentlichen Schützling. Resignierend gab sie die Anweisung, ab jetzt auf jegliche Winterschutzmaßnahme für ihre Lieblinge zu verzichten. Und siehe da, mittlerweile waren die Winter in Essex derart mild geworden, dass auch *Phormium tenax* völlig unbeschadet durch den Winter kam.

Widersprach sich Beth Chatto mit dieser Geschichte, zumindest anfänglich, in wunderbar konsequenter Weise selbst? So pflanzte sie doch von Anfang an immer wieder zweifelhaft winterharte Pflanzen aus aller Herren Länder in ihren mitteleuropäischen Garten. Also Gewächse aus anderen Temperaturzonen, die in ihrem Garten ausschließlich durch aktive menschliche Unterstützung einen Durchschnittswinter überleben konnten. Das hört sich so gar nicht nach ihrer mantraartig wiederholten Gartenphilosophie „right plant, right place" an. Führte sie mitunter ihren eigenen Wahlspruch hier und dort ad absurdum? Oder war sie schlichtweg vorausschauend? Muss man ihre gärtnerischen Wagnisse – in einer Welt, die sich nun einmal im messbaren Wandel befindet – nicht gerade als progressiv und weitsichtig betrachten? *Phormium tenax* gab ihr diesbezüglich auf jeden Fall recht.

Jahrzehnte nach Beths ersten Unkenrufen zum Klimawandel können wir diesen nicht mehr wegdiskutieren. Als verantwortungsvolle Menschen und besonders als Gartenbesitzer müssen wir also vernünftig agieren – in unseren persönlichen Verhaltensweisen und natürlich auch im Garten. Doch was ist vernünftig? Keiner kann diese Frage ganz genau beantworten. Meinungen hierzu gibt es viele. Liegt beispielsweise das ökologische Natur- und Gartenheil in der strikten Verwendung „heimischer" Gewächse? So postulieren es zumindest viele Kommunen und Politiker (das hört sich letztlich auch sehr richtig und durchdacht an ...). Doch in meiner Arbeit als Gartengestalter habe ich auch diesbezüglich schon die ausgefallensten Stilblüten erlebt.

Dazu ein Beispiel: Für ein Neubauprojekt im innerstädtischen Bereich mussten mehrere Lärchen (*Larix*) und Fichten (*Picea*) zur Realisierung des Bauvorhabens gefällt werden. Nach ordnungsgemäßer Besichtigung von städtischer Seite wurde die Fällgenehmigung unter Auflage der Neupflanzung von diversen Ersatzgehölzen (sogenannten Ausgleichspflanzungen) erteilt. Diese mussten „einheimische Laubgehölze mit einem Stammumfang von mindestens 20 cm" sein. Eine Verwendungsliste der angestrebten Ersatzgehölze war beigefügt. Die Liste enthielt verwunderlicherweise einige meines Erachtens „nichtheimische" Pflanzen, etwa „deutsche" Mispeln (*Crataegus germanica**), deren botanische Nomenklatur zugegeben für Verwirrung sorgen kann. Aus gestalterischer Sicht brauchte ich in diesem Garten jedoch etwas Immergrünes. Kein Problem, dachte ich. Denn auch wenn die heimische Stechpalme (*Ilex aquifolium*) im deutschen Namen exotisch klingen mag, so ist sie doch ein Urgestein hiesiger Wälder und von enormem ökologischen Wert. Durfte ich solch ein Laubgehölz als Ersatzbaum pflanzen? Zudem fragte ich die behördlichen Entscheidungsträger, ob auch anstelle des gewünschten soldatisch gerade kultivierten Hochstammbaumes von 20 Zentimetern Stammumfang nicht auch ein etwa viermal so großes Ersatzgehölz, gewachsen als prächtiger Fünfachsstamm, legitim sei.

All das konnte und wollte man mir so leicht und so schnell nicht beantworten. Man empfahl mir jedoch – um Bauverzögerungen zu vermeiden –, eine prompte Pflanzung der beschriebenen und amtlich gewünschten Listengehölze. Würde ich die „Rechtslage" akzeptieren, könne doch ein jeder wieder seiner Arbeit nachkommen und beruhigt schlafen. Auch der Bauwirtschaft wäre geholfen. Denn diese könne nun endlich loslegen und der Ordnung wäre Genüge getan. – Schwierig, schwierig ...

* *Crataegus germanica* S. 195

Zur Ausgleichspflanzung für gerodete Bäume bei Neubauvorhaben fordern Bauämter häufig standardisierte Pflanzengrößen. Das sind oft schnurgerade Straßenbäume, was im Hausgarten meist unschön wirkt. Als Mittelpunkt unseres Wintergarden passt solch ein geradstämmiger Baum.

Derlei Beispiele gibt es – natürlich auch in anderen Bereichen – leider zuhauf. Sie sollten uns alle nicht davon abhalten, weiterhin komplex-ökologisch nachzudenken und das eigene Hirn einzuschalten. Ein gewisses Maß an pflanzlicher Experimentierfreude gehört für mich im Garten in Zeiten des Wandels zwingend dazu!

Kurz vor dem Jahreswechsel führen mich meine Gartenspaziergänge im HORTVS also durch einen alles in allem menschengemachten Naturraum. Dieser stellt mich zutiefst zufrieden. Es ist ein kleines, privat bewirtschaftetes Fleckchen Erde, das sowohl zur Heimat vieler hier schon längst vergessen geglaubter Organismen als auch seinen menschlichen Besuchern ein Quell der Erbauung und der Kontemplation wurde. Ein vom Verkehr und von menschlicher Bauwut umtoster Garten, der trotzdem ein Ort der Ruhe und des Einklangs mit der Natur werden konnte – ein HORTVS CONCLVSVS.

Mein HORTVS CONCLVSVS zu jeder Jahreszeit – der eigene Garten

PRAXIS / PFLEGEMASSNAHMEN IM DEZEMBER

Immergrüne Seggen assimilieren auch im Winter, daher entferne ich hier das Falllaub.

Wenig winterharte Farne schützen wir erst mit einer extrastarken Laubschicht, wenn deutlicher Frost angesagt ist.

Spät abgeworfenes Laub von Bäumen und Sträuchern sollte auch im Dezember regelmäßig von allen Rasenflächen, immergrünen Gehölzen und Stauden sowie von empfindlichen Bodendeckerflächen entfernt werden, um Fäulnis und Blattvergilbung zu vermeiden. Oftmals hilft bereits das „Hineinschütteln" des aufliegenden Laubes in die immergrünen Pflanzen.

Aufgerechtes Laub verteile ich immer an geeigneten Stellen im Garten als Mulchschicht – kein Falllaub verlässt meinen Garten!

Winterschutzmaßnahmen an kälteempfindlichen Gewächsen, wie Fackellilien (*Kniphofia*), Honigsträuchern (*Melianthus*) oder Trichterschwertel (*Dierama*), zögere ich gerne so lange wie möglich hinaus, um Fäulnis und Nagetierschäden zu vermeiden. Das heißt, bei milder Witterung lieber nicht zu vorschnell abdecken. Wenn längere und tiefere Wintertemperaturen angesagt sind (längere Zeit unter minus 3 °C), schütze ich solche Gewächse mit ausreichend trockenem (Buchen- oder Farn-)Laub. Reisigzweige verhindern das Wegwehen der Laubabdeckung. Sehr wärmebedürftige, laubabwerfende Pflanzen, wie Mammutblatt (*Gunnera*), Reispapierbaum (*Tetrapanax*) oder kälteempfindliche Geophyten (Ingwergewächse, Dahlien oder *Canna*), bekommen extrastarke Laubpackungen, die ich zum Teil mit (unlackiertem) Maschendraht oder ihren eigenen Blättern fixiere.

In frostig-sonnigen Hochdrucklagen ohne Schnee können auch Immergrüne, wie einige Seidelbast-Arten (*Daphne*), Zistrosen (*Cistus*) oder Erdbeerbäume (*Arbutus*), Winterschäden davontragen; in sehr kalten Gebieten gilt dies auch für Kirschlorbeer (*Prunus*), asiatische Mahonien (*Mahonia*) und selbst für Efeu (*Hedera*). Hier ist ein luftdurchlässiger Sonnenschutz mitunter überlebenswichtig. Dazu verwende ich ausschließlich organische Materialien, wie Reisig oder Rohr- und Weidenmatten.

Wintersonne in Kombination mit frostigen Temperaturen wird von potenziell winterharten Palmen nicht immer ertragen. Nur bei Bedarf schützen wir die Wedel mit organischen Materialien.

Rechts: ökologisch sinnvolle Winterschutzabdeckung von Mammutblatt (*Gunnera*) mit aufgerechtem Herbstlaub und den großen Blättern dieser Pflanzen

Fichtenreisigabdeckung für *Kniphofia northiae*: Diese bringen wir nur aus, wenn wirklich starke Fröste vorhergesagt sind.

Auf Winterschutzmaterialien aus Plastik ist generell zu verzichten.

Bei allen Winterschutzmaßnahmen (und bei nahestehenden Nachbarpflanzen) muss das Ausmaß des Winterschutzes berücksichtigt werden. Denn sich mühsam durch eine schützende Laubschüttung kämpfende Frühjahrsgeophyten sind ebenso unerquicklich wie zertretene Stauden in direkter Nähe der zu schützenden Gewächse (irgendwo muss man beim Installieren des Winterschutzes ja schließlich hintreten).

Der Dezember ist noch ein sehr geeigneter Monat zur Umpflanzung von gut winterharten Gehölzen. Je nach Größe und Alter (Anzahl der Standjahre) und vor allem unter Berücksichtigung der individuellen Gattung und Art ist ein (mitunter kräftiger) Rückschnitt der umzupflanzenden Gehölze sinnvoll.

Im letzten Monat des Jahres erhalten alle meine Werkzeuge und Geräte eine intensive Wartung und Pflege.

Alle Wasserleitungen müssen bei Frostgefahr nun entleert sein, und Gießkannen, Bottiche und Co. sollten umgedreht oder eingeräumt sein.

Moos tritt im Dezembergarten oft besonders augenscheinlich hervor. Im HORTVS dürfen die grünleuchtenden Pflanzenkunstwerke immer stehen bleiben. Ich habe hier noch nie erlebt, dass Moose meine Pflanzen verdrängt hätten – es verhält sich eher umgekehrt. Ich freue mich also über die effektiven Wasserspeicher und Luftreinigungssysteme, die auch noch die letzten Freiflächen meines Gartenbodens schützend besiedeln!

WINTER / JANUAR

JANUAR

Gartenspaziergang am Morgen des Neujahrstages: Die Formen des HORTVS' schälen sich im stimmungsvollen Licht heraus.

Am Neujahrstag spaziere ich durch meinen Garten, der in diesem Winter bisher nur wenige, milde Frostnächte erlebt hat. Ich entscheide mich für die „Official Route“. Die Wege meines Gartens habe ich damals so angelegt, dass ich von der Haustür aus auf einen Rundweg treffe, den ich in nordwestlicher oder in südöstlicher Richtung beginnen kann. In Richtung Nordwesten lagerte der Rhein hier vor acht- bis zehntausend Jahren eine Sandbank ab. Der feinsandige Boden ist dort sehr leicht, trocken und nährstoffarm. Mit Gartenbesuchern starte ich meine Führungen durch den HORTVS stets hier und gehe dann langsam entgegen dem Uhrzeigersinn um das zentral im Garten stehende Wohnhaus – dies ist somit die offizielle Besucherroute.

Die Grundstrukturen dieses Gartens legte ich in den Jahren 2005 bis 2007 an und nutze nun, nach dreizehn Jahren, die ruhige Zeit des Januars für ein Resümee. Welche Gewächse konnten hier langfristig Fuß fassen und überzeugen mich noch heute, welche Pflanzengemeinschaften sind stabil? Welche Pflanzen können in diesem Garten, der in den größten Teilen niemals künstlich bewässert wird, allen Witterungsbedingungen standhalten? Und welche Teile des HORTVS' müssen nach dieser Zeit überarbeitet werden?

Diesen allerersten Gartenspaziergang des Jahres will ich aber noch nicht mit detaillierten Recherchen überfrachten und lasse mich lieber auf die Atmosphäre eines mildfeuchten Januartages ein. Noch während ich am Anfang meiner Sandbank stehe und ungläubig über die jetzige Riesenhaftigkeit meiner beiden torbildenden Trauer-Weiden (*Salix alba* 'Tristis') staune, schwirrt erneut ein Trupp von Schwanzmeisen (*Aegithalus caudatus*) heran und scheint an den hängenden Ästen der dreizehnjährigen Riesenweiden Interessantes finden zu können. Die hohen Vogelstimmen und das Rauschen der nahezu blattlos gewordenen Riesenchinaschilf-Halme (*Miscanthus × giganteus**), die zusammen mit den Weiden einen formal gestalteten Anfang der Official Route bilden, begleiten mich in den Silbergarten. Dieser erste, kreisrunde Gartenteil im HORTVS ist schlicht und sehr formal angelegt. Er misst sechzehn Meter im Durchmesser und ist von einem flachen Graben sowie einer Corten-Stahl-Kante umgeben. Die Stahlkante war von Anfang an geplant, es brauchte jedoch einige Jahre, bis sie realisiert wurde. Nun ist sie da und unterstreicht perfekt die gewollte Formalität dieser ersten Pflanzung im HORTVS.

Das große Inselbeet in der Mitte dieses Gartenteils habe ich als Kontrast zur geometrischen Form wild und steppenhaft bepflanzt. Sein ungestümer, herber Charakter baut einen großen Spannungsbogen zur einrahmenden Geometrie auf. Aufgrund der hier vorherrschenden Kargheit des Bodens können im Silbergarten ausschließlich Pflanzenspezialisten überleben, die von ihren Naturstandortbedingungen ähnlich harsche Gegebenheiten gewohnt sind. Mein gestalterischer Wunsch, dass hier nur silberlaubige, dabei weiß oder höchstens pastellfarben blühende Gewächse

* *Miscanthus × giganteus* S. 247

Zu Beginn meines Spaziergangs durch den HORTVS streife ich durch das Wechselspiel von Form und Pflanze im Silbergarten.

stehen sollen, schränkt meine Pflanzenpalette für dieses Beet zusätzlich ein. Gewinner von der ersten Stunde an, und noch immer am selben Ort der Erstpflanzung stehend, stammen aus den Gattungen *Elaeagnus*, *Santolina**, *Panicum*, *Poa*, *Gomphostigma* und *Yucca*. Ebenfalls von Anfang an mit dabei, jedoch durch Wanderungen mitunter an neuen Plätzen im Beet siedelnd, sind *Berkheya cirsiifolia**, *Marrubium incanum*, *Ephedra minima** und diverse Geophyten.

In keinem anderen Gartenteil hatte ich so viele Fehlschläge wie im Silbergarten. Der karge und trockene Sand ist hier zudem besonders sauer (pH ca. 5), sodass kalkliebende Trockenheitskünstler, wie Lavendel, Salbei und Thymian, meist nur für kurze Zeit siedeln können. Die ebenfalls kalkliebenden Heiligenkräuter (*Santolina*) machen sich jedoch seit Jahren erstaunlich gut und versamen sich sogar an offenen Stellen. Doch ich probiere ja ohnehin in allen Gartenteilen

Das Riesen-Chinaschilf (*Miscanthus × giganteus*) steht im Januar als grafische Halmstruktur im Garten.

* *Santolina* S. 122 *Berkheya cirsiifolia* S. 115 *Ephedra minima* S. 250, 294

neue Pflanzenmöglichkeiten aus, die nicht immer schulbuchmäßig korrekt erscheinen. Und einige der neueren Silbergartenbewohner scheinen dank ihrer Anpassungsfähigkeit auch für dieses Bepflanzungskonzept großes Potenzial zu haben. Letztendlich gilt im Garten immer: Nur der (durchdachte) Versuch macht schlau. Bei meiner winterlichen Zählung kam ich auf sechzig unterschiedliche zur Zeit sichtbare Silbergartenpflanzen, und viele weitere werden noch im Laufe der Gartensaison aus dem kargen Boden erwachen.

Insgesamt hat das Silbergartenbeet mittlerweile eine sehr gute, erstaunlich stabile Struktur, die zum Nachdenken über zeitgemäße Pflanzenverwendungen auch im öffentlichen Bereich animiert. Dann, halb unter einem mittig stehenden *Elaeagnus ebbingei*, entdecke ich erste Blüten. Ein kleiner Pulk winterblühender Schneeglöckchen (*Galanthus elwesii* Hiemalis Group*) hat sich hier seit 2007 halten können und begrüßt mich am Neujahrstag 2019 mit vierzehn Blüten. Ich fürchte, seine zahlreichen Artgenossen, die ich einstmals hier pflanzte, sind der Kargheit und dem sauren Heidesandboden zum Opfer gefallen. Bevor ich aber noch über die Gründe der Standhaftigkeit eines einzelnen Schneeglöckchenpulks und dessen Vermehrungsfreude nachdenken kann, vertreibt mich ein Grünspecht (*Picus viridis*), den ich selbstredend nicht stören möchte, aus dem runden Silbergebilde dieses ersten Gartenteils.

Mein Weg führt in den Kiesgarten. Von Dezember bis Ende Februar mag ich diesen Teil des HORTVS' besonders. Denn noch sind Gräser und fruchtende Stauden nicht zurückgeschnitten, sie stehen wie Schatten ihrer selbst im winterlichen Kontext dieser nachempfundenen Steppe. Die letzten Blütenfarben entließen sich im November, und Blau, Purpur, Weiß und Pink wichen allen nur erdenklichen Grau- und Brauntönen. Rasche, schlierige Wolken ziehen mir heute aus Nordwest entgegen, ihre Farben und Formen spiegeln sich in den Pflanzen. Fedrig und dünn sind die Fruchtstände der Pampasgräser (*Cortaderia selloana** und *C. araucana*) geworden. Über den aschefarbenen Blütenresten von *Cotinus coggygria* 'Young Lady', *Eryngium giganteum** und *Artemisia ludoviciana* 'Silver Queen' wehen sie hell und von eigensinniger Schönheit. Andere Grautöne sind lebendiger: Silbergraue Gehölze führen die winterliche Farbmelange sehr nobel fort. Besonders aristokratisch wirken heute *Yucca rostrata* 'Blue Swan'* und *Berberis pruinosa*. Auch das edle Türkisgrau von *Cupressus arizonica* 'Glauca', *Cistus* 'Grayswood Pink', *Phlomis lycia** und *Dianthus plumarius* scheint in diesem Licht auffälliger als zu anderen Jahreszeiten. Zu diesen Farben sind mir die starken Kontraste rostbrauner und noch dunklerer Fruchtstände wichtig. Längst verwelkte *Dipsacus laciniatus* und *Sorbaria sorbifolia* 'Sem' begeistern mich heute besonders.

Zusammengehalten wird das silbern, braun und grau Gewebte durch die kräftige Präsenz der Immergrünen. Säulenförmig wachsende Koniferen bringen einen arkadischen Rhythmus. Relativ zentral steht die wintergrüne Eiche *Quercus rhysophylla* mit

* *Galanthus elwesii* S. 250 *Cortaderia selloana* S 181, 250 *Eryngium giganteum* S. 115, 162 *Yucca rostrata* S. 250 *Phlomis lycia* S. 250

Im neu angelegten Heide-Garrigue-Garten ist die Pflanzendichte noch gering. Die Winterheide (*Erica* × *darleyensis**) blüht hier zum ersten Mal.

* *Erica* × *darleyensis* auch S. 161

Phlomis lycia

Galanthus elwesii

Berberis pruinosa

Phillyrea angustifolia

Yucca rostrata

*Cortaderia selloana**

* *Cortaderia selloana* auch S. 181

ausgebreiteten Ästen, unter denen sich Wolken von olivgrünen *Choisya × dewitteana* 'Aztec Pearl' formieren. Ob immergrüne Berberitzen (*Berberis*), Steinlinden (*Phillyrea*) oder all die vielen immergrünen Stauden und Gräser – sie alle halten den Kiesgarten auch im Januar üppig und kraftvoll.

In den letzten Jahren blieb die Januarwitterung in unserem Garten erstaunlich mild. Und es regnet endlich. Auf ausreichend Feuchtigkeit musste die Natur in den letzten Jahren allzu oft verzichten. 2018 galt als eines der trockensten und wärmsten Jahre seit Beginn der Wetteraufzeichnungen. Und unsere Region, den mittleren Westen Deutschlands, traf die ungewöhnliche Dürre besonders stark. Seit Jahren regeneriert sich die Bodenfeuchte selbst im Winter nicht mehr ausreichend; lediglich die obersten fünfundzwanzig bis vierzig Zentimeter wurden auch weiterhin durch den Winterregen durchnässt. Das hat in der Natur und in den Gärten deutliche Spuren hinterlassen. Welches Ausmaß die Schädigungen von Gehölzen haben werden, ist zurzeit noch nicht zu ermessen. Ob langfristig viele Koniferenarten, Buchen (*Fagus sylvatica*), einige Eichen-Arten (beispielsweise *Quercus georgiana*) und feuchtigkeitsliebende Blütengehölze (*Cornus, Stewartia, Hydrangea* etc.) noch in unseren Gärten und vor allem im Landschaftsbild anzutreffen sein werden, bleibt abzuwarten. Bei etlichen Immergrünen ist der Trockenheitsstress des letzten Jahres unübersehbar. Zu den großen Verlierern gehören zweifelsfrei die beiden Koniferengattungen *Thuja* und *Chamaecyparis*. Wer hätte es für möglich gehalten, dass gerade diese beiden Lebensbaumarten so schwächeln können? Selbst jahrzehntelang eingewachsene Bestände sind betroffen. In der gesamten Region sieht man sehr viele abgestorbene Exemplare. Und was nicht starb, sieht oft sehr mitgenommen aus. In der Natur und in alten Gärten sind es hingegen die Fichten (*Picea*) die sich verabschiedeten – die Exemplare, die nicht völlig verdorrten, werden in Kürze wohl stark unter Schädlingsbefall leiden und ebenfalls absterben. Im HORTVS mussten wir bereits acht große, vor dreizehn Jahren gepflanzte *Thuja occidentalis* 'Brabant' fällen, und sehr unsicher macht mich das Aussehen unserer riesigen noch verbliebenen Rot-Fichte (*Picea abies*). Das etwa einhundertjährige, bis dato völlig vitale Exemplar ist nach dem Hitzesommer 2018 im gesamten oberen Drittel verkahlt und trägt auffallend viele Zapfen – kein gutes Zeichen. Bis Mitte 2020 hatte sich der Baumveteran leidlich erholen können und wir haben noch keinen Borkenkäferbefall feststellen können.

Täglich mache ich mich nun auf den Weg durch den wintermilden Garten. Nur meine gärtnerische Erfahrung hält mich davon ab, in blinden Aktionismus zu verfallen. Denn bereits jetzt riecht es im HORTVS nach Frühling. Der Boden ist warm und verströmt zudem einen ganz typischen Frühlingsgeruch. Man könnte es als eine ausgewogene Essenz aus Werden und Vergehen bezeichnen: Moose wachsen, Triebspitzen erscheinen und zeitgleich zerfällt in der feuchten Witterung

Viburnum × *bodnantense* 'Dawn'

Hamamelis × *intermedia* 'Pallida'

Hamamelis × *intermedia* 'Diane'

das abgeworfene Laub des vergangenen Gartenjahres. Hinzu gesellen sich erste Blütengerüche: Winterblüte (*Chimonanthus praecox*), Sweet Box (*Sarcococca confusa*) und *Daphne bholua** parfümieren mit ihren frühen Blüten bereits den Hauseingang und meinen Waldgarten; am 10. Januar stehen die ersten beiden Zaubernuss-Sorten (*Hamamelis*) in Blüte. Da zeitgleich die ersten frühen Schneeglöckchen-Sorten (*Galanthus*) Vorfrühlingsszenen zeichnen, muss ich mich arg zurückhalten, in den Beeten mit dem Frühjahrsputz zu beginnen, denn noch ist es viel zu früh und der Winter kann noch alles bringen. Ich übe mich also in Geduld und schreibe Listen.

Listen jedweder Art sind dem Gärtner überaus hilfreich. Ich schaue gerne in Erfahrungslisten, die profunde Kollegen zusammengestellt haben, etwa die Sichtungsergebnisse der deutschen Stauden- und Gehölzsichtungen, doch auf meinen eigenen Ergebnislisten fußt mein eigentlicher Erfahrungsschatz. Streng genommen müsste der gärtnernde Mensch täglich an seinen individuellen Aufzeichnungen arbeiten, nur leider fehlt hierzu meist die Zeit. Konsequenz und Regelmäßigkeit sind daher gefragt, und so übertrage ich die stichpunktartigen Notizen meiner täglichen Gartenspaziergänge möglichst direkt in meine Arbeitsbücher. Auch Beobachtungen aus anderen Gartenanlagen können mitunter sehr wichtige Quellen für den eigenen Garten darstellen.

Mitte Januar erstelle ich eine Blütenliste für den HORTVS; das macht natürlich wahnsinnig Spaß und hilft, in die Listenschreiberei hineinzukommen. Kurzum, welche wagemutigen Gewächse sind am 15. Januar bereits erblüht? Im Gehölzbereich finden sich natürlich Winterblütenklassiker, wie Winterjasmin (*Jasminum nudicaule*), Winter-Schneeball (*Viburnum × bodnantense*) und Winterkirschen (*Prunus subhirtella* 'Autumnalis'), und die jetzt schon blühenden Winterduft-Klassiker aus dem Gehölzbereich wurden ja bereits erwähnt. Im Kiesgarten öffnen sich dieser Tage zudem die ersten Knospen von *Ulex europaeus**, dem Europäischen Stechginster. Von Beth Chatto erhielt ich eine interessante halbgefüllte Variante mit sehr starkem Kokosduft und deutlich längerer Blütezeit.

So früh im Jahr sind die allermeisten Stauden und Geophyten noch weise genug, um sich mit vorschnellem Wachstum zurückzuhalten. Doch selbst hier gibt es Ausnahmen. Dass *Helleborus niger*, die echte Christrose, bereits pflichtbewusst blüht, verwundert keinesfalls. Aber auch andere Wildarten der Gattung *Helleborus* sind schon in voller Blütenpracht. Die leuchtend chartreusegrünen Blüten von *Helleborus odorus** begeistern mich heute durch ihre Leuchtkraft über rostrotem Buchenlaub. Auch *Helleborus liguricus* mit etwas cremefarbenen, eher sternförmigen Blütenschalen lockt nun von fern. Und ohne die unentbehrliche Palmblatt-Nieswurz (*Helleborus foetidus*) will ich mir meinen Januar-Garten gar nicht vorstellen. Von *Helleborus foetidus* werden mittlerweile etliche, samenvermehrte Zuchtlinien, sogenannte Strains, angeboten. Der goldlaubige Gold Bullion Strain und der rotstängelige Westernflisk

* *Daphne bholua* S. 255 *Ulex europaeus* S. 255 *Helleborus odorus* S. 255

Strain haben sich in meinem Garten als besonders zuverlässig und farbecht erwiesen.

Ebenfalls wenig Verwunderung rufen die ersten frühen Schneeglöckchenblüten (*Galanthus*) hervor. Auch sie gelten als Inbegriff von Winterblütenpracht (obwohl es auch diverse herbstblühende *Galanthus*-Arten und -Sorten gibt). Nur ist zu bedenken, dass es sich bei diesen sehr frühen Geophyten (zwiebel-, knollen- oder rhizombildenden Stauden, die ungünstige Jahreszeiten dank ihres verdickten Überdauerungsorgans unterirdisch überstehen können) streng genommen gar nicht um Winterblüher, zumindest nicht um Januarblüher, handelt. Denn an ihren Naturstandorten herrscht im Januar noch tiefer Winter mit einer geschlossenen Schneedecke. Erst wenn der Schnee schmilzt, machen sie es sich mit rasantem Wachstum und ebenso rasanter Blütenbildung zum Ziel, die allerersten Blüten ihrer Pflanzengesellschaft zu sein. Je nach Art, Standort, Höhenlage und individuellem Jahr variiert in der Natur das Erscheinen der ersten Galanthusblüten zwischen Anfang Februar und Mitte April. Dies gilt im übrigen auch für *Helleborus niger*. In Gärten wintermilder Regionen, etwa im Süden Englands, etlichen Teilen der Beneluxstaaten, in Teilen Frankreichs und im Norden und Westen Deutschlands, blühen frühe Sorten von *Galanthus* und *Helleborus* meist schon ab Weihnachten.

Irgendwie hatte ich mit sehr frühen Schneeglöckchen-Sorten immer ein gewisses Gestaltungsproblem. Ja, es ist ganz herzerwärmend, wenn bereits zum Jahreswechsel etwas im Garten blüht. Und es ist auch wunderbar, zum Weihnachtsfest einen Strauß aus dem eigenen Garten verschenken zu können. Doch irgendwie wollte kein Gartenbild mit den Allerersten entstehen. Natürlich lag es nicht an den Pflanzen, sondern an der Gestaltung. Es macht überhaupt keinen Sinn, sehr frühe *Galanthus*- und *Helleborus*-Sorten wahllos im Garten zu verteilen. Man muss ihnen vielmehr eine Bühne bauen. Sie wollen inszeniert werden und von anderen winterattraktiven Gewächsen umgeben sein. Neben optischen Gründen hat dies auch einen sehr praktischen Nutzen. Denn wie will man während des Winters in den Beeten arbeiten, wenn sich im Boden bereits alles regt? In Beetbereichen mit sehr frühen *Galanthus*-Sorten achten wir nun darauf, dass alle Gehölzschnittarbeiten, die Unkrautkontrolle und selbst einige selektive Staudenrückschnitte bis spätestens Mitte Dezember abgeschlossen sind.

Daphne bholua

Helleborus odorus

Ulex europaeus

Auf solche Vorfrühlingsbilder mit üppiger Schneeglöckchenblüte (*Galanthus*) mussten wir früher bis Anfang März warten. In den letzten Jahren hat sich die *Galanthus*-Blütezeit stetig nach vorne verschoben.

JANUAR-GALANTHUS

Besonders frühblühende und gut wachsende *Galanthus*-Arten und -Sorten, die in meinem Garten normalerweise ab Jahreswechsel blühen:

- 'Peter Gatehouse' (blüht oftmals bereits im Dezember)
- 'Three Ships' (ab Dezember)
- 'Fly Fishing'
- 'Mrs. McNamara'
- 'Imbolc'
- 'Colossus'
- 'Fieldgate Prelude'
- 'Faringdon Double'
- etliche Varianten von *Galanthus reginae-olgae*
- etliche Varianten von *Galanthus elwesii* var. *monostictus*
- einige Varianten von *Galanthus caucasicus*
- wenige Varianten von *Galanthus worronowii*

Schon im Januar zeigen sich die ersten Pulks von Schneeglöckchen (*Galanthus*) im Waldgarten des HORTVS'.

Galanthus 'Peter Gatehouse'

Galanthus 'Fly Fishing'

Galanthus 'Imbolc'

Galanthus 'Colossus'

Galanthus 'Fieldgate Prelude'

Galanthus 'Faringdon Double'

Galanthus reginae-olgae

Galanthus elwesii var. *monostictus*

G. ambig. *caucasicus* 'Green Tipped'

Viele besonders gutwachsende Varietäten meiner *Galanthus*-Sammlung stehen bei uns im Waldgarten und an den Gehölzsäumen. Hier verteile ich die frühen Zwiebelpflanzen in großen Gruppen und nach Sorten getrennt zwischen Stauden und Gehölzen. Im letzten Jahr habe ich mehrere Stellen bewusst zur Januar-Galanthus-Bühne umgestaltet. Dabei gibt es unterschiedliche Farbthemen für unterschiedliche Effekte.

Bühne eins kontrastiert in hellen Rottönen zu den Glocken, Bühne zwei leuchtet in Gelb und die dritte Bühne wiederholt das weiße Grundthema der Schneeglöckchen.

Zu jeder Kombination wählte ich zudem mindestens eine spätblühende *Galanthus*-Sorte, damit auch diese Beetbereiche noch im März mit Schneeglöckchenblüten punkten können.

Ein wunderbares Layering-Beispiel: Frühe Geophyten wie *Galanthus* oder *Cardamine quinquefolia* nutzen das Licht und die Feuchtigkeit unter dem noch nicht geschlossenen Blätterdach der Gehölze.

Vorfrühlingsbild aus unserem Wintergarden: Eingerahmt von buntborkigen Gehölzen fängt die Schneeglöckchen- und Vorfrühlings-Alpenveilchenblüte an.

WINTERATTRAKTIVE GEHÖLZE UND STAUDEN FÜR DEN JANUARGARTEN UND ZUM BAU EINER JANUARBÜHNE

GELB

- *Ilex aquifolium* 'Pyramidalis Fructu Luteo' und *Ilex crenata* 'Fructu Luteo'
- *Hedera helix* f. *poetarum* 'Poetica Arborea'
- *Lonicera nitida* 'Edmée Gold' und 'Baggesen's Gold'
- *Aucuba japonica* 'February Star' und 'Sulphurea Marginata'
- *Choisya* × *dewitteana* 'Aztec Gold'
- *Choisya ternata* 'Sundance'
- *Daphne odora* 'Mae-jima'
- *Mahonia* × *media* 'Lionel Fortescue' und 'Wintersun'
- *Jasminum nudiflorum*
- *Hamamelis* × *intermedia* 'Pallida'* und weitere gelbblühende Sorten
- *Acer palmatum* 'Bi Hō'
- *Cornus sanguinea* 'Midwinter Fire'
- *Styphnolobium japonicum* 'Golden Standard'
- *Carex oshimensis* 'Everillo' und 'Evergold'
- *Euonymus fortunei* 'Emerald'n Gold'
- *Helleborus foetidus* Gold Bullion Strain
- *Asplenium scolopendrium* 'Golden Queen'
- goldlaubige *Heuchera* und × *Heucherella* in Sorten
- *Tanacetum parthenium* 'Aureum'

Aucuba japonica 'February Star'

Daphne odora 'Mae-jima'

Jasminum nudiflorum

Mahonia × *media* 'Wintersun'

* *Hamamelis* × *intermedia* 'Pallida' S. 252

ROT

- *Ilex × koehneana*
- *Ilex aquifolium* und *Ilex meserveae* in Sorten
- *Danae racemosa*
- *Ruscus aculeatus*
- *Skimmia japonica* 'Temptation'
- *Skimmia japonica* 'Rubella'
- *Nandina domestica* in Sorten
- *Aucuba japonica* 'Rozannie'
- *Leucothoe* 'Scarletta'
- *Acer palmatum* 'Sangokaku'
- *Acer conspicuum* 'Phoenix'
- *Cornus sanguinea* und *Cornus alba* in Sorten
- rotlaubige *Heuchera* in Sorten
- *Bergenia* 'Eroica' und *Bergenia purpurascens* 'Irish Crimson'
- *Ophiopogon planiscapus* 'Nigrescens'
- *Iris foetidissima* var. *citrina*
- *Prunus serrula*

Ilex aquifolium 'Argentea Marginata'

Prunus serrula

Bergenia purpurascens 'Irish Crimson'

Nandina domestica

WEISS

- *Betula utilis* var. *jaquemontii* (und ihre Sorten)
- *Rubus thibetanus* 'Silver Fern'
- *Rubus cockburnianus* 'Golden Vale'
- *Viburnum × bodnantense* 'Deben'
- *Euonymus fortunei* 'Emerald Gaiety' und 'Silver Queen'
- *Populus alba* 'Richardii'
- *Fatsia japonica* 'Variegata' und 'Spider's Web' × *Fatshedera lizei* 'Annemieke'
- *Skimmia japonica* 'Kew White'
- *Skimmia × confusa* 'Kew Green'
- *Sarcococca confusa*
- *Leucothoe fontanesiana* 'Whitewater'
- *Carex oshimensis* 'Everest'
- *Carex morrowii* ssp. *foliosissima* 'Icedance'
- *Carex conica* 'Snowline'
- *Iris foetidissima* 'Fructu Albo'
- *Tellima grandiflora* 'Forest Frost'
- *Cyclamen hederifolium* f. *albiflora* 'Silver Cloud'
- *Cyclamen coum* Pewter Group
- *Aspidistra alata*

Rubus thibetanus 'Silver Fern'

Aspidistra alata

Cyclamen coum Pewter Group

Cyclamen hederifolium f. *albiflora* 'Silver Cloud'

Rubus cockburnianus 'Golden Vale'

Blick auf den Wintergarden vor der Umgestaltung der die kreisrunde Wiese umgebenden Rasenflächen

Im ersten Monat des Jahres 2019 schrieb ich Folgendes in mein Gartentagebuch:

„Auch Mitte Januar regnet es noch. Und zum ersten Mal seit – sage und schreibe – achteinhalb Monaten haben sich unsere drei kleinen Naturteiche wieder mit Wasser gefüllt."

Das Trockenfallen dieser ohne Folientechnik gebauten Teiche schadete in der letzten Gartensaison nicht nur der Wasserqualität in den verbliebenen Pfützen, sondern hinterließ auch immense Schäden an der Uferbepflanzung. Dass der Pegelstand selbst noch zur Weihnachtszeit weit unter dem Normalniveau stand, hat mich schockiert. Das hatte ich in all den Jahren des HORTVS' noch nie erlebt, zumal der Überlauf der Teiche ein kartierter Bachlauf ist. Das Wasser floss bis dato von September bis Mai aus dem HORTVS hinfort, und in den verbliebenen drei Sommermonaten hielten zumindest die Teiche ihren Wasserstand. Aber die Welt scheint sich zu ändern, selbst hier.

Meine Streifgänge durch den Garten sind daher nun erquicklich feucht-klamm. Selbst auf der großen Wiese vor dem Waldgarten steht Wasser. Und es fließt! Zum ersten Mal am zwanzigsten Januar.

Dazu wird es windig. Die Sonne bricht seit Langem einmal wieder durch die westlichen Wolken. – Nein, diese Wolkengebilde kommen eher aus Nordwest. Am nächsten Morgen herrscht Nordströmung. Alle Blätter im HORTVS sind bereits mittags wie von Zauberhand abgetrocknet. Später stehe ich voller Faszination in einem unwirklichen Sonnenuntergang, in dem Hunderttausende von reflektierenden *Miscanthus*-Flugkörpern im roten Abendlicht wirbeln. Doch mir wird auch etwas bange zumute – was wird da nun aus Norden kommen?

Am nächsten Morgen hat sich Frost über den Garten gelegt. Kein schlimmer Frost, nur ein bis vier Minusgrade, je nachdem, wo man im Garten misst. Ich beäuge argwöhnisch die Wettervorhersagen, Schnee muss kommen.

Und Schnee kommt. Welch ein Glück! Über all die vielen frühen Januarpflanzen hat sich bereits am nächsten Tag eine schützende Schneedecke gebreitet. Natürlich handelt es sich hierbei um rheinischen Schnee – schnell da, schnell weg und von wenig Substanz. Aber immerhin ...

Für zehn Tage bleibt der Schnee. Die letzten Januartage des Jahres 2019 genieße ich auf besondere Art. Ich kontrolliere die Temperaturen, Trockenheitsstände, eventuellen Schädlingsattacken etc. in den Treibhäusern (was etwa eine Stunde pro Tag in Anspruch nimmt) und freue mich ansonsten an den vielen schneeverzierten Eindrücken des nun auf Eis gelegten Gartens.

Und was habe ich im Januar im Garten gearbeitet? – Wenig. Wir genießen die Stille im HORTVS.

Mittlerweile sieht ein Januarfoto aus dem HORTVS bereits nach Frühlingsgarten aus: Am kleinen Waldteich blüht bereits das Großblättrige Milzkraut (*Chrysosplenium macrophyllum**).

* *Chrysosplenium macrophyllum* auch S. 280

PRAXIS / PFLEGEMASSNAHMEN IM JANUAR

Bei sichtbarem Blütenansatz schneide ich die Blätter meiner Lenzrosen (*Helleborus × hybridus*) bis zu Ansatz herunter.

In milden Jahren schütze ich vorzeitigen Austrieb, beispielsweise von einigen empfindlichen *Helleborus*, *Paeonia*, extrem frühen *Arisaema*, *Cyclamen coum** oder die Blüten von *Chrysosplenium macrophyllum**, mit einem leichten Jute-Gewebe vor eventuellen Barfrösten.

Die Winterschutzabdeckung von empfindlichen halbimmergrünen Stauden, wie *Kniphofia*, *Helleborus lividus* oder *Tetrapanax papyrifer* 'Rex'*, muss in milden Jahren regelmäßig kontrolliert werden, um möglicher Fäulnis entgegenzuwirken.

Regengeschützte Alpinstauden können bereits im Januar zu trocken stehen. Eine regelmäßige Feuchtigkeitskontrolle unter der Glasabdeckung sollte schon jetzt gewährleistet sein.

Lüftung, Wassermanagement und Schädlingskontrolle in den Winterquartieren (Treibhaus usw.).

Im Januar nutze ich jeden frostfreien Tag zur Unkrautkontrolle: Wer jetzt schon jätet, hat es die gesamte nächste Gartensaison deutlich leichter.

In sehr milden, eher feuchten Jahren streue ich bereits im Januar erstmalig umweltverträgliches Schneckenkorn, denn selbst Schneeglöckchenknospen sind für Mollusken eine Delikatesse!

Geschlossene Schneedecken sind für die allermeisten Stauden im Januar ein wahrer Segen. Nur einige Immergrüne und Formschnittgehölze befreie ich von zu schwerer Schneelast.

* *Cyclamen coum* S. 280 *Chrysosplenium macrophyllum* S. 280 *Tetrapanax papyrifer* 'Rex' S. 93

Auch wenn das Laub von Lenzrosen (*Helleborus × hybridus*) im Januar noch makellos dasteht, schneiden wir die Blattstiele bis zum Boden herunter, um den neuen Blüten Licht und Luft zu geben.

Nachmittagsstimmung
im Wintergarden

WINTER / **FEBRUAR**

FEBRUAR

Der gewundene Weg durch den Winterwalk von Anglesey Abbey offenbart bei jeder Wegbiegung neue Kombinationen. Hier sieht man Gewächse aus allen für den Winteraspekt wirkungsvollen Pflanzengruppen: Immergrüne, Borkenfarben, vergangene Gräserstruktur und Vorfrühlingsblüten.

In der gärtnerischen Unterteilung der Jahreszeiten gilt der Februar als letzter Wintermonat. Nach langen, dunklen Winterwochen saugt der versierte Gartenliebhaber nun jedes Stückchen Pflanzenglück auf, gleich dem Dürstenden in der Wüste. Je nach Witterung und Lage des Gartens können jetzt weitere Blüten von Wintergehölzen die Gartenbühne betreten. An milden Tagen vertreiben dann Schneeforsythie (*Abeliophyllum distichum*), Duft-Heckenkirsche (*Lonicera × purpusii*), Duft-Seidelbast (*Daphne odora*), Zaubernuss (*Hamamelis*) und so vieles mehr den Winterblues.

Doch auch im Staudenbereich lassen sich nun bereits die ersten unerschrockenen Winterblüten blicken: Nieswurz, Christ- und Lenzrosen (*Helleborus*), noch mehr Schneeglöckchenvarianten (*Galanthus*), Winter-Iris (*Iris lazica* und *Iris unguicularis*), Winterlinge (*Eranthis*) und Co. verblüffen den Februar-Spaziergänger im HORTVS.

Im Zusammenspiel mit Immergrünem und farbigen Gehölzborken könnte jeder Gartenbesitzer bereits jetzt farbenfrohe und herzerwärmende Gartensituationen sein Eigen nennen.

Ein Paradebeispiel für einen konsequent auf die kalte Jahreszeit ausgerichteten Gartenraum ist der weltberühmte „Winterwalk" von Anglesey Abbey. Die 46 Hektar große Parkanlage liegt in der englischen Grafschaft Cambridgeshire und verführt ihre zahlreichen Besucher rund ums Jahr mit einer typisch britischen Gartenbegeisterung. Haus und Garten werden heute vom National Trust betreut. Dabei kenne ich kaum vergleichbare Gärten, die bereits im Winter so viele Besucher anziehen wie Anglesey Abbey. Zu Recht, denn der berühmte Winterwalk ist ein perfektes Beispiel für das konsequente Verfolgen einer Gestaltungsidee.

Ein sich sacht windender Fußweg lenkt den Besucher durch den lang gestreckten Gartenraum. Die mäandrierende Bewegung eines einzigen Hauptweges leitet den Blick des Besuches in immer wieder neue Richtungen. Durch den steten Richtungswechsel des breiten Pfades werden die hintereinanderliegenden, in unterschiedlichen Farbschemata angelegten Einzelteile des Gartens erst dann sichtbar, wenn man die nächste Wegbiegung passiert. Der Effekt ist magisch. Betritt man diesen Garten zum ersten Mal, ist man überwältigt von der verblüffenden Farbintensität der winterlichen Gestaltung. Bereits das erste Bild schlägt den Betrachter in seinen Bann: Leuchtend warme Gelb- und Orangetöne von Winterborken (Hartriegel- und Weidensorten) kontrastieren mit geisterhaft bemehlten Trieben der Tibetischen Brombeere (*Rubus thibetanus*). Immergrüne Blütengehölze wie *Viburnum tinus* und *Sarcoccoca confusa* betten diese verblüffende Farbigkeit in einen verwirrend saftgrünen Rahmen. Und als ob das nicht schon hinlänglich ausreichen würde, ist jeder Quadratzentimeter unter den Gehölzen mit winterattraktiven Stauden, Bodendeckern und Zwiebelpflanzen belegt: Bunt gemischte Lenzrosen (*Helleborus × hybridus*) wetteifern mit himmelblauen Winter-Iris (*Iris lazica*) um die Gunst des Betrachters. Schneeglöckchen und Winterlinge ergießen

Durch den effektvollen Einsatz von Pflanzengruppen für alle Jahreszeiten (hier das auch im Winter herrliche Reitgras *Panicum virgatum* 'Northwind'), können die Jahreszeiten im Garten verschwimmen.

sich in Massen oder schieben sich durch die krapplackroten Blattschilde von *Bergenia purpurascens* 'Irish Crimson'. Auch zwischen den verblüffend gelben Blatthorsten von *Luzula sylvatica* 'Wintergold' leuchten die allerersten Zwiebelgewächse, wie *Iris reticulata* oder diverse Krokus-Sorten, gleich doppelt so brillant.

Bei aller Verschiedenheit der einzelnen Teilbereiche dieses Wintergartens bleibt das Gestaltungsprinzip im Winterwalk von Anglesey Abbey immer gleich: Immergrüne, vorzugsweise winterblühende Gehölze, wie Mahonien (u. a. *Mahonia* 'Wintersun'), bilden einen farbgewaltigen, dreidimensionalen Rahmen und den Hintergrund für eine schier unglaubliche Fülle an winterattraktiven Stauden, Gräsern, Zwiebel- und Knollenpflanzen.

Aber auch sommerattraktive Gewächse, die zusätzlich einen attraktiven Winteraspekt aufweisen können, werden hier verwendet: So tragen die längst abgestorbenen Halme und Fruchtstände von Chinaschilf (*Miscanthus*), Rutenhirse (*Panicum virgatum* 'Northwind'*) oder Brandkraut (*Phlomis russeliana*) aktiv zum Gesamtausdruck dieses wahrlich außergewöhnlichen Gartens bei.

Das Beispiel von Anglesey Abbey soll hier als Aufruf verstanden werden, den Garten rund ums Jahr attraktiv zu gestalten. Auch wenn in kleineren Hausgärten nicht immer der Platz für einen ausgewiesenen „Wintergarden" zur Verfügung steht, verspricht die Grundkonzeption aus Immergrünen und winterattraktiven Gartenpflanzen eine entscheidende Optimierung jeder Gartenbepflanzung. Bei jeder meiner Pflanzplanungen stelle ich mir immer zuerst das Winterbild vor. Wenn ich es schaffe, einen zur denkbar ungünstigsten Gartenjahreszeit überzeugenden Garten anzulegen, werde ich im Frühjahr, Sommer und Herbst ein leichtes Spiel haben. Dann ist jede folgende Gartenattraktion einfach eine Zugabe zu einem an sich schon überzeugenden Gartenbild.

Für meinen wintermilden Rheinlandgarten (USDA-Temperaturzone 8a) beginnt Ende Februar der jährliche Haupt-Staudenschnitt. In durchschnittlichen Wintern haben wir nun die tiefsten Wintertemperaturen hinter uns gelassen und können bei maximal leichten Nachtfrösten und Tagestemperaturen über dem Gefrierpunkt bereits munter drauflosgärtnern. Das mag in raueren Lagen anders aussehen, und ich bitte zu beachten, dass sich meine nun folgenden Februar-Pflegemaßnahmen in anderen Klimaten in den März verschieben werden müssen.

Bereits im Januar beobachte ich den Garten täglich genauestens. Denn in milden Jahren lassen sich schon direkt nach Weihnachten die ersten Staudenblüten im Garten entdecken: Das hinreißende *Galanthus* 'Three Ships' malt hier neben *Helleborus orientalis* ssp. *abchasicus* muntere Farbtupfer in den Garten. An geschützter Stelle blitzen dann auch die ersten *Cyclamen coum** durch die oft noch frostige Falllaubdecke und etliche Gehölze nutzen jeden Tag mit Plusgraden, um ihr Blütenwachstum voranzutreiben.

* *Panicum virgatum* 'Northwind' auch S. 189 *Cyclamen coum* S. 280

Galanthus 'Brenda Troyle'

Helleborus × *hybridus*

Cyclamen coum

Cyclamen coum ssp. *coum* f. *albissimum* 'Lake Effect'

Eranthis hyemalis

Chrysosplenium macrophyllum

Ficaria verna 'Coppernob'

Helleborus × *hybridus* Party Dress Group

FEBRUARPFLANZEN

Aus meinen Februar-Aufzeichnungen über Stauden, die im Februar blühen:

- Schneeglöckchen (*Galanthus*)
- Vorfrühlings-Alpenveilchen (*Cyclamen coum*)
- frühe Krokusse (sehr zuverlässig: *Crocus chrysanthus* 'Ard Schenk', *C.* 'Spring Beauty', *C. tommasinianus* 'Roseus')
- Milzkraut (*Chrysosplenium macrophyllum*), rosablühende Form
- Winter-Iris (*Iris orientalis*, *Iris lazica* und *Iris unguicularis*)
- Winterling (*Eranthis*)
- Lenzrose (*Helleborus × hybridus*), frühe Formen
- Duftende Lenzrose (*Helleborus odorus** und *H. liguricus*)
- Palmblatt-Nieswurz (*Helleborus foetidus*)
- Scharbockskraut (*Ficaria verna* und *F. kochii*)
- Leberblümchen (*Hepatica nobilis*, *H. americana*, *H. transsilvanica*)
- winterblühendes Immergrün (*Vinca difformis*)
- winterblühende Narzisse (*Narcissus* 'Cedric Morris')
- frühe Bergenie (*Bergenia emeiensis*)

Ein blühender Teppich von Milzkraut (*Chrysosplenium macrophyllum*) neben der Winterabdeckung von *Gunnera tinctoria*

* *Helleborus odorus* S. 255

Doch noch sind es wenige, und so wird der Gartenspaziergang zur aufregenden Entdeckungsreise. Ab Mitte Februar bildet sich dann aus dem Instrumente-Stimmen der Allerersten ein frühes Garten-Kammerorchester. Besonders in meinem Waldgarten erlebt man nun ein wahres Crescendo. Allenthalben hebt sich das welke Laub des Vorjahres, denn ganz viele *Galanthus*-Arten und -Sorten schieben sich nun Millimeter um Millimeter aus dem Boden und wollen durch die Blätter des letzten Herbstes wachsen. Bündelweise schwellen jetzt auch die Knospen unserer Lenzrosenhybriden (*Helleborus × hybridus*), und es wird Zeit, Platz im Beet zu schaffen für einen neuen Akt auf der Gartenbühne.

Um die winterliche Darbietung möglichst ungestört genießen zu können, beginne ich zunächst sachte mit dem Rückschnitt zerzauster Staudenrückstände. Was neues Wachstum behindert, muss natürlich ebenfalls weichen. Dabei entfernen wir nur in den vordersten Beetbereichen und auf Immergrünen das Falllaub des letzten Herbstes.

Langsam füllt sich die Vorfrühlingsbühne im HORTVS. Die chartreusegrünen Moosbeläge auf den Wegen des Wintergarden leuchten zu dieser Jahreszeit besonders intensiv.

PRAXIS / DAS ENTFERNEN DES FALLLAUBES

Die generelle Gangart bezüglich heruntergefallenem Herbstlaub in den Beeten meines Gartens lautet: liegen lassen! Dem natürlichen Zyklus von Laubaustrieb, Entfaltung, Abwurf im Herbst und Zersetzung am Boden zu brauchbarem Laubhumus – so wie es die Natur vorgibt – ist auch im Garten logisch und erstrebenswert. Die abgefallenen Blätter bilden in großen Teilen meiner Beete die beste Mulchschicht, die ein Gärtner sich für seine Pflanzen wünschen kann.

POSITIVE EFFEKTE, DAS LAUB IM BEET LIEGEN ZU LASSEN

- Der Laubmulch reguliert die Bodenfeuchtigkeit und hilft somit, kostbares Wasser zu sparen.
- Die Bodentemperatur wird gepuffert, diese natürliche Isolation verbessert deutlich das Wurzelwachstum von Stauden und fördert das Bodenleben.
- Das Laub wird zu Humus umgewandelt und steht den Pflanzen später in Form von Nährstoffen zur Verfügung. Zusatzdüngungen sind dadurch nahezu irrelevant.
- Die für die Zersetzung der organischen Substanz angelockten Klein- und Kleinstlebewesen garantieren eine hervorragende Bodengesundheit und verbessern eine wachstumsfördernde Krümelstruktur der Erde.
- Das Unkrautwachstum wird deutlich eingeschränkt.
- Frostschäden an früh austreibenden Stauden fallen deutlich geringer aus.
- Der Boden verdichtet nicht so stark, wenn man in die Beetflächen tritt.

NEGATIVE EFFEKTE, WENN MAN DAS LAUB IM BEET NICHT ENTFERNT

- Immergrüne Stauden (und Gehölze) leiden, wenn sie mit Laub abgedeckt sind.
- Sehr kleine, zarte Stauden schaffen es manchmal nicht, durch all zu dicke Laubschichten hindurchzuwachsen.
- Einige Gartenschädlinge, wie Mäuse, Schnecken und selten auch Schadpilze, können sich unter der schützenden Laubdecke ungestört und unbemerkt ausbreiten.
- Vögel können durch ihr Suchen nach Nahrung unter dem Laub zarte Pflanzentriebe schädigen.

Das Falllaub in den Beetflächen liegen zu lassen ist nicht nur besser für Umwelt und für die Pflanzen, es sieht auch natürlicher aus, wenn sich die ersten Frühlingsblüten durch das Blättermeer des Vorjahres schieben.

Grün, blühend und voller Pflanzenstrukturen:
der HORTVS-Waldgarten im Februar

Für mich spricht die Gegenüberstellung von positiven und negativen Effekten eine klare Sprache: Die Vorteile überwiegen gravierend, und der positive Effekt ist nachhaltig. Die Nachteile sind durch vergleichbar geringe Gärtnertätigkeit leicht aufzuheben.

Wir agieren daher im eigenen Garten wie folgt: In allen Beetbereichen, in den die negativen Effekte ausgeschlossen werden können oder von untergeordneter Relevanz sind, bleibt das Laub liegen. Dies gilt vornehmlich für die hinteren Beetbereiche. Hier befreie ich lediglich alle Immergrünen vom Fotosynthese-verhindernden Laub.

Etwa der erste Meter eines Beetes (soweit ein Gärtnerarm reicht, ohne dass man ins Beet tritt) wird hingegen Anfang Februar vorsichtig entlaubt. Am besten geht das mit der Hand, und zwar ohne Werkzeuge. Laubpuster und Laubsauger sind ungeeignet. Hilfreich kann ein kleiner Handfederbesen sein, und für größere, mit robusten Bodendeckern bestandene Flächen wähle ich einen Bambus-Federbesen. Die „Zinken" von Bambus-Federbesen sind deutlich pflanzenschonender als vergleichbare Metallwerkzeuge.

Das in den vorderen Beetbereichen, von den Rasenflächen und von immergrünen Gewächsen aufgeklaubte Laub wird gesammelt und an anderer Stelle zu wertvollem Laubhumus kompostiert. Nach zwei bis drei Jahren (abhängig von der Art der Blätter) ist der Laubkompost ausgereift und dient als fertiges Abdeckmaterial für die vorderen Beetbereiche.

Das Freilegen der vorderen Bereiche bringt die allermeisten der (eher niedrigen) Winterblüher zum Vorschein. Da man hier nun sieht, wo man hintritt, kann man getrost ins Beet stapfen, ohne dabei seine kostbaren Pflanzenschätze zu zertrampeln. Im nächsten Schritt lassen sich dann auch problemlos die hinteren Beetbereiche pflegen.

Nach einem eventuellen selektiven Rückschnitt von Staudenteilen, die nicht mehr ansehnlich sind, und einer ersten, peniblen Unkrautkontrolle erfolgt das Aufbringen des fertigen Laubkompostes im vorderen Bereich. Damit das Gesamtbild stimmig und natürlich bleibt, verwische ich abschließend ein wenig die Trennlinie zwischen „belaubten" und „unbelaubten" Teilstücken (auch hier tut wieder ein langstieliger Federbesen hervorragende Dienste!).

In unserer *Helleborus*-Zucht schätze ich besonders die subtilen Farbtöne. Das Bild zeigt die Blüte unseres Copper-Strains.

Und was ist, wenn es dann bei all den schon blühenden, knospenden Februarpflanzen noch einmal kalt wird? Wir beäugen mittlerweile im Winter den Wetterbericht minutiös: Wir schützen die empfindlichsten am Frostvorabend und hoffen auf das Beste …

PRAXIS / DER RÜCKSCHNITT VON **NICHT-IMMERGRÜNEN** STAUDEN IM FEBRUAR

Bevor wir mit den ersten Arbeiten Anfang Februar starten, analysiere ich genauestens das Gartenbild. Denn mein winterliches Gestaltungsideal lebte bis jetzt im Wesentlichen auch davon, dass längst abgestorbene, aber noch immer attraktive Gräserhorste und Staudenfruchtstände die Beetflächen möbliert hielten. Würde ich zu dieser frühen Jahreszeit rücksichtslos jeglichen Vorjahresbewuchs herunterschneiden, beraubte ich den Februargarten seiner Atmosphäre und in Teilen auch einer wichtigen Dreidimensionalität der Gestaltung.

Als Faustregel für die Rückschnittmaßnahmen im Februar gilt daher: Alle umgeknickten, zusammengefallenen Stängel und Halme werden ausnahmslos entfernt. Alle Staudenteile (ob abgestorben oder wintergrün), die Vorfrühlingsblüher behindern, müssen ebenfalls weichen. Was dann noch stehen geblieben ist, wird ganz nach Gusto und nach der jeweiligen Gartensituation behandelt und zu einem stimmigen Gartenbild modelliert. Das heißt, dass ich mich beim Arbeiten immer wieder mit ausreichend großem Abstand vor das jeweilige Beet stelle und spontan entscheide, ob der noch hoch aufragende Fruchtschmuck von beispielsweise Geißbart (*Aruncus dioicus*) oder Scheinhanf (*Datisca cannabina*) dem Gesamtbild guttut oder eben nicht.

Diese selektive Herangehensweise ist für mich die beste und gestalterisch die genaueste Methode. Doch sie verlangt selbstverständlich ein wenig Erfahrung und Fingerspitzengefühl. Allzu leicht gerät man an einem der ersten milden Februartage in einen wahren Rückschnittwahn. Es juckt in der Schere, und ratzfatz ist alles niedergemäht, was noch bis in den April hinein wunderbar ausgeschaut hätte ...

Die individuell zum Einsatz kommenden Werkzeuge für Staudenschnittmaßnahmen im Februar stimme ich auf die jeweilige Pflanzenart ab. Es macht weder Sinn, einzelne Blütenstände mit der Motorheckenschere herausschneiden zu wollen, noch ist es sinnvoll, große Chinaschilf-Horste in mühsamer Handarbeit mit einer Rosenschere einzukürzen. Wenn es die Größe und Robustheit einer Staude zulassen, arbeite ich im ersten Schritt immer mit dem zeit- und kräfteschonensten Werkzeug. Eine gut geschärfte motorbetriebene Heckenschere ist für die meisten größeren Gräser, Großstauden, aber auch für robuste Bodendeckerflächen, wie beispielsweise Elfenblumen (*Epimedium**), das Gerät der ersten Wahl. Für ein optimales Ergebnis arbeite ich bei dieser Gruppe von Stauden oftmals mit der Handheckenschere nach.

Nach dem Aufrechen des Schnittgutes können für den letzten Schliff einzelne, stehen gebliebene Hälmchen nachgeschnitten werden (mit der Rosenschere).

Die Schnitttiefe richtet sich nach der individuellen Pflanzengattung und -art. Als Faustregel gilt jedoch: Solange es die Pflanze toleriert,

* *Epimedium* S. 93

möglichst tief herunterschneiden, denn sichtbar über der Erdoberfläche stehen gebliebene Stängelreste verunstalten das Gartenbild und stellen eine nicht zu unterschätzende Verletzungsgefahr beim Arbeiten im Beet dar. Nur sehr empfindliche Stauden wie beispielsweise *Oenothera lindheimeri* oder basal austreibende Stauden wie *Stobilanthes atropurpurea* lasse ich etwa handbreit über dem Boden stehen.

Das Schnittgut wird, falls möglich, direkt an Ort und Stelle gehäckselt und dient in hinteren Beetbereichen als zusätzliche Mulchschicht.

Verwirrende Schönheit von spätwinterlichem Rückschnittmaterial – eigentlich möchte ich mich davon Jahr für Jahr aufs Neue nicht trennen; ich meine aber zu wissen, dass der Rückschnitt im Ziergarten nötig ist.

PRAXIS / DER RÜCKSCHNITT VON IMMERGRÜNEN STAUDEN IM FEBRUAR

Die allermeisten immergrünen Stauden bleiben in meinem Garten im Februar unberührt, da sie noch aktiv zum Gartenbild beitragen. Lediglich durch Schneebruch abgeknickte Farnwedel oder umgeknickte Staudenstängel werden entfernt. Zum Herausschneiden einzelner Stiele eignet sich bestens eine kleine Weinbergschere, die ich kurioserweise in England unter dem Namen „Snips" oder „Snipper" kennengelernt habe. Mit dieser leichten, sehr schmalen, aber kräftig schneidenden Schere kommt man problemlos zwischen dicht stehende Nachbarstängel.

Mitunter sind einige Blätter und Stiele von immergrünen Stauden, wie *Bergenia*, *Phlomis*, *Stachys* oder *Verbascum*, zu dieser Zeit matschig und unansehnlich geworden. Diese verfaulenden Blätter nehmen wir heraus. Bei *Stachys* und einigen anderen weichlaubigen Bodendeckern geht das am besten durch sanftes Ausputzen mit der Hand. Bei hartlaubigeren Stauden wie Bergenien sollten die braun gewordenen Blätter lieber herausgeschnitten werden, sonst hat man schnell die gesamte Pflanze herausgerupft.

Im Wesentlichen heißt dies, dass alle immergrünen Stauden, die optisch sehr gut über den Winter gekommen sind (und die keine Frühjahrsgeophyten bedrängen), im winterlichen Gartenbild höchst willkommen sind! Und obwohl ich den Schnitt der meisten immergrünen Stauden so lange wie möglich herauszögere, besteht irgendwann selbst für einige der schönsten Immergrünen Handlungsbedarf. Wann und wie die wintergrünen Gartenhelden zu schneiden sind, hängt vom Temperaturverlauf eines jeden Jahres ab und davon, aus welcher Pflegegruppe sie stammen.

Noch gibt der Hirschzungenfarn (*Asplenium scolopendrium*) den nötigen Halt. Sobald er die hier bald stehenden Vorfrühlingsblüher bedrängt, schneide ich sein immergrünes Letztjahreslaub herunter.

Spätestens bei beginnender Schneeglöckchenblüte beäuge ich die Gruppen immergrüner Stauden im HORTVS mit Argusaugen. Nur das, was die zarten Frühjahrsblüher bedrängt, schneide ich vorsichtig weg.

Generell lassen sich die Immergrünen und Wintergrünen in acht Gruppen unterteilen.

GRUPPE 1

Einige wenige der Immergrünen aus dem Staudenreich bleiben zu jeder Zeit unangetastet. Hierbei handelt es sich meist um eher langsam wachsende Pflanzen, die rund ums Jahr adrett ausschauen und bei denen ich allerhöchstens völlig abgestorbene alte Blätter mit der Hand entferne. Hierzu zählen:

- *Liriope muscari* und *L. spicata* (nur nach Kahlfrösten muss das Laub eventuell heruntergeschnitten werden)
- *Ophiopogon*-Arten und -Sorten
- *Cyclamen hederifolium* und *C. coum*
- *Helonias* und *Heloniopsis*
- *Ypsilandra thibetica*
- *Sempervivum*, *Orostachys* und einige *Saxifraga*
- wintergrüne *Ajuga*
- *Eryngium agavifolium*, *E. eburneum*, *E. horridum* etc.
- *Soldanella*
- *Cardamine trifolia*
- *Rhodea* und *Aspidistra*
- alpine Polsterstauden mit immergrünem Wuchs
- *Ephedra minima*
- *Arachnoides standishii*

Ophiopogon planiscapus 'Nigrescens'

Eryngium horridum

Arachnoides standishii

Cyclamen hederifolium

GRUPPE 2

Zuverlässig Wintergrüne, die jedoch von einem jährlichen Schnitt bei Neuaustrieb bis zum Boden (beziehungsweise bis zu ihrem Vegetationspunkt) profitieren, da sich der Neuaustrieb und gegebenenfalls die Blüten besser entfalten können:

- die meisten immergrünen Farne
- *Epimedium* (bis auf ganz wenige der neueren asiatischen Liebhaber-Arten und -Sorten, die besser gänzlich unberührt bleiben)
- *Disporum*
- *Disporopsis*

GRUPPE 3

Immergrüne, die von einem späteren Rückschnitt (oft nach der Blüte im Mai/Juni) profitieren, da sie somit ein besseres Winterlaub ausbilden und besser blühen:

- *Tellima*
- *Mitella*
- *Phlox stolonifera*
- *Geum rivale*
- einige *Dianthus*, unter anderem *D. plumarius*
- *Phlox subulata*
- einige *Arabis*

Polystichum setiferum

Tellima grandiflora 'Purpurea'

Epimedium × versicolor 'Sulphureum'

Geum rivale

GRUPPE 4

Halbimmergrüne, deren Laub im Februar bereits sehr mitgenommen aussieht, und die nun besser komplett heruntergenommen werden:

- *Trachystemon orientalis*
- *Symphytum*
- einige *Thymus*
- *Succisella*
- *Teucrium scorodonia*
- *Waldsteinia* (je nach Winter)
- *Tiarella* (je nach Art und Winter)

GRUPPE 5

Immergrüne, die im Februar winterfaule Blätter aufweisen, welche selektiv entfernt werden sollten; bei einigen von ihnen sind auch nun die vergangenen Blütenstiele bis zum Ansatz herauszunehmen:

- *Bergenia*
- *Stachys*
- *Kniphofia*
- *Libertia*
- *Phlomis russeliana* und *Phlomis samia*
- *Heuchera* und *Heucherella*
- *Limonium*
- *Penstemon*
- staudige *Digitalis*
- staudige *Verbascum*

Der Waldgarten im HORTVS nach der Vorfrühlingspflege. Die hier zu sehenen Immergrünen sind gepflegt, aber noch wichtiger Bestandteil der Gartenszene.

GRUPPE 6

Immergrüne oder halbimmergrüne Halbsträucher, die im Februar keinen Schnitt vertragen, jedoch nach der Blüte geschnitten werden sollten:

- *Lavandula*
- *Santolina**
- *Ballota*
- *Helichrysum*
- *Helianthemum**
- *Yucca*
- einige *Hypericum*
- *Hebe*
- einige *Teucrium*
- *Alyssum spinosum*
- einige *Euphorbia*

GRUPPE 7

Immergrüne, die im Februar wunderbar aussehen, deren verblühte Einzelstiele erst später zwischen den Neuaustrieben bis zur Basis herausgenommen werden:

- *Euphorbia characias*
- *Euphorbia amygdaloides*
- *Euphorbia myrsinites**
- *Helleborus argutifolius*
- *Helleborus* × *sternii*
- *Helleborus* × *nigercors*

*Helianthemum**

Helleborus argutifolius

Alyssum spinosum 'Roseum'

Euphorbia characias ssp. *wulfenii*

* *Santolina* S. 122 *Helianthemum* auch S. 161 *Euphorbia myrsinites* S. 43, 161

GRUPPE 8

Lenzrosen und einige *Helleborus*-Wildarten: Eine besondere Behandlung erhalten in meinem Garten, in vielfacher Hinsicht, unsere Lenzrosen (*Helleborus × hybridus*): *Helleborus*-Hybriden sind halbimmergrün bis immergrün. Ich rate jedoch, ihr Blattwerk kurz vor der Blüte, also zwischen Januar und Anfang März, abzuschneiden, um Pilzbefall vorzubeugen. Die welken Blütenstängel werden im Mai herausgeschnitten. Lenzrosen sind robust, sie überstehen auch eine Trockenheitsperiode im Sommer und müssen nicht gegossen werden. Allerdings sind sie sehr fertil und säen sich selbst aus. Die Sämlinge wachsen zum Teil mitten in der Mutterpflanze, die sollten Sie jäten oder im Frühjahr woandershin setzen. Denn die Sämlinge sind nicht mit der Mutterpflanze identisch, können andere Blüten haben und schneller wachsen. Dann überholen und verdrängen sie die eigentliche Pflanze.

Helleborus × intermediates (H. odourus × H. multifidus)

Helleborus × hybridus × H. purpurascens

Helleborus × hybridus, gelb – flächig rot guttiert

Helleborus × hybridus, dunkle Nektarien

GEDANKEN DES GÄRTNERS ZUM KLIMA

Der Februar ist ein ambivalenter Monat – zumindest im durchschnittlich eher milden Rheinland. Nicht selten zeigt er sich hier bereits vorfrühlingshaft mit wenigen Frostnächten und Tagestemperaturen weit über null Grad. Doch natürlich gibt es Ausnahmen. Vor nunmehr acht Jahren fiel ein östlicher Frost in der zweiten Februarwoche über den bereits erwachten Garten her. Die milden Winterwochen des Dezembers 2011 und der frühlingshafte Januar 2012 ließen vorschnell frühe Geophyten, Gehölzknospen und Staudenaustriebe sprießen. Dann herrschte plötzlich über zwei Wochen Dauerfrost mit Nachtwerten bis zu minus siebzehn und Tagestemperaturen bis höchstens minus fünf Grad – ein gärtnerisches Waterloo. Im Garten erfror der gesamte Neuaustrieb von Stauden und Gehölzen. Baumknospen und selbst Hartgesottene, wie *Galanthus*, verbrannte der Frost zu schwarzem Matsch. In der Gärtnerei verloren wir trotz der üblichen Winterschutzmaßnahmen über die Hälfte aller Pflanzen. Unter Tränen entsorgte ich später über dreitausend in Töpfen kultivierte *Hellebori*. Im August des gleichen Jahres war von diesem Horrorszenario fast nichts mehr zu sehen. Die Regenerationsfähigkeit der allermeisten Gewächse garantierte ihr Überleben und das Fortbestehen des Gartenbildes.

Doch natürlich gab es auch Komplettausfälle, die mich zu generellen Überlegungen führen: Wie akzeptabel ist der Einsatz von nicht eindeutig winterharten Pflanzen im Garten? Ob eine Pflanze ausreichend winterhart für den eigenen Garten ist, muss dabei von Ort zu Ort untersucht werden. Eine grobe Übersicht zum durchschnittlichen Temperaturverlauf einzelner Regionen lässt sich den Karten der sogenannten USDA-Plant-Hardiness-Zonen entnehmen. Hier sind die einzelnen Landstriche der Welt recht detailliert in Temperaturzonen von 1 (arktisch kalt) bis 10 (tropisch heiß) zugeordnet. Mein Garten liegt laut dieser Aufteilung in der USDA-Temperaturzone 8a, der wärmsten deutschen Zone (im Alpenraum geht diese Zoneneinteilung bis auf Zone 5b hinunter).

Trotzdem starben im Februar 2012 (und vorher bereits im Ausnahmewinter 2007 auf 2008) in exponierter Lage Pflanzen, die laut Listeneinteilung mehr als geeignet für unsere Zone sind – Kirschlorbeer (*Prunus laurocerasus*) oder Kolchischer Efeu (*Hedera colchica*). Und pflanzliche Experimente, wie Eukalyptusbäume, Neuseeländer Flachs (*Phormium*) und andere, waren in diesen Jahren per se dem Tode gewidmet. Was also tun? Zur Sicherheit nur noch Pflanzen wählen, die geeignet sind, mindestens zwei Temperaturzonen unter der eigenen noch zu bestehen? Oder sich der oft langen Phasen unbeschadetem Wachstums erfreuen?

Der Februar der letzten Jahre prägt sich bei uns zum Glück wieder konform unserer Region aus, zwar winterlich kühl, jedoch ohne nennenswerte Fröste und mit generellen Tagestemperaturen über dem Gefrierpunkt. Da zwar spät (ab Mitte Januar), aber dennoch reichliche Niederschläge fallen, setzte sich im Normalfall bei uns das schon zaghaft im Januar beginnende Erwachen des Gartens kontinuierlich fort.

PRAXIS / PFLEGEMASSNAHMEN IM FEBRUAR

Nach nassem, schwerem Schneefall warte ich ab, ob sich ein Gras im Winter von selbst wieder aufrichtet. Falls nicht, schneide ich es jetzt schon zurück und lege die Halme in eine ungenutzte Gartenecke, denn es könnten Insektenlarven darin überwintern.

Pfeifengräser (*Molinia*) bleiben des Winters kaum stehen; nach ihrem Kollaps räume ich die Halme aus dem Beet.

Je nach Jahr beginnen Immergrüne, wie viele *Epimedium** und einige Farne, bereits im Februar mit dem Blüten- beziehungsweise ihrem Blattaustrieb. Regelmäßige Kontrolle dieser Gewächse gewährleistet, den perfekten Rückschnittzeitpunkt nicht zu verpassen.

Erste Rückschnitte bei Gräsern und Staudenfruchtständen: Hier betrachte ich das Gartenbild genau und entferne sukzessive ein Zuviel an Winterstruktur – insbesondere an solchen Gartenorten, wo früh austreibende Zwiebelpflanzen und Stauden durch gärtnerische Arbeiten geschädigt werden könnten.

Die ersten Blüten von *Helleborus*, *Galanthus* und *Eranthis* erscheinen. Bei der Arbeit im Beet muss man nun mit äußerster Vorsicht agieren; Trittverletzung der ersten Triebe sind meist unverzeihlich und von der Pflanze kaum auszugleichen.

In milden, feuchten Jahren kann es an Knospen und Trieben von Vorfrühlingsstauden zu einer Infektion mit Grauschimmel (*Botrytis*) kommen. Befallene Pflanzenteile entferne ich sofort und versuche den verbleibenden Bestand durch bessere Belüftung zu schützen (eventuell Nachbarpflanzen wegschneiden). Zudem gilt es, den Standort zu überdenken.

Winterschutzvliese und Reisigabdeckungen können bei milden Temperaturen stundenweise abgenommen werden, um die Pflanzen zu stärken und Fäulnis vorzubeugen.

Frühe *Galanthus* und sehr frühe *Narcissus* freuen sich nach dem Verblühen über gezielte Flüssigdüngergaben mit organischen Nährstoffen.

* *Epimedium* S. 93

Je nach Witterung befreie ich die vorderen Bereiche meiner Waldgarten-Staudenpflanzung von Herbstlaub, um den zartesten Pflänzchen in der ersten Reihe Platz, Licht und Luft zu verschaffen. Auch ein übermäßiges Gewühle von Amseln und Co. wird somit verhindert.

Sehr früher Farnaustrieb muss bei Frostgefahr mit Kulturvlies oder trockenem Laub geschützt werden.

Regelmäßiges Lüften in Treibhäusern, Frühbeetkästen und Wintergärten bei Temperaturen über null Grad verhindert Pilzbefall, härtet die Pflanzen ab und macht sie widerstandsfähiger für den Garteneinsatz.

Einige laubabwerfende Gehölze (wie hier *Spiraea japonica*) schneide ich schon früh im Jahr, um eine gute Knospenbildung für das Frühjahr zu gewährleisten.

VORHER

Das sieht nach wenig Arbeit aus ...

NACHHER

... und doch haben wir eine ganze Schubkarre voll organischer Substanz für den Komposthaufen weggenommen.

ANHANG / GLOSSAR

VEREINFACHTE ERKLÄRUNG DER WICHTIGSTEN BESTANDTEILE VON PFLANZENNAMEN

Familie Gruppe meist verschiedener Pflanzengattungen, die untereinander evolutionär näher verwandt sind, beispielsweise die Familie der Primelgewächse (*Primulaceae*), zu denen auch die Alpenveilchen (*Cyclamen*) gehören.

Gattung Engere Zusammenfassung innerhalb der botanischen Systematik, also ein näherer Verwandtschaftsgrad zwischen Pflanzen. Der Gattungsname ist der wichtigste Teil des Pflanzennamens und steht vorn. So heißen alle Alpenveilchen botanisch *Cyclamen*, die unterschiedlichen Alpenveilchen-Arten fangen also immer mit dem gleichen Gattungsnamen an. Es gibt jedoch auch sehr kleine Gattungen, in denen lediglich eine Art vorkommt.

Art (auch Spezies) Weitere Feinunterteilung innerhalb der botanischen Systematik. So können innerhalb einer Gattung mehrere Arten nebeneinander stehen. Etwa *Cyclamen coum, Cyclamen hederifolium, Cyclamen purpurascens* und so weiter.

ssp. Diese Abkürzung beschreibt eine mögliche Unterart (Subspezies), die bei einigen Gattungen als weitere Unterteilung der Art vorkommen kann (entstanden beispielsweise durch eine Anpassung an unterschiedliche Naturstandorte). Etwa *Cyclamen coum* ssp. *caucasicum*.

var. Innerhalb der Unterteilungen einer Art kann es mitunter zu weiteren natürlichen Erscheinungsformen einer Pflanze kommen. Diese im Vergleich zur ssp. untergeordnete Abweichung nennen Botaniker Varietät (abgekürzt: var.).

f. Botanische Form einer Pflanze, die beispielsweise in der Natur zwar in der Regel rosa oder weiß-rosa blüht, reinweiße Varianten jedoch auch vorkommen, wie bei *Cyclamen coum* ssp. *coum* f. *albissimum*.

Sorte Durch Mutation, Hybridisierung, Auslese (Selektion) oder aktive Zuchtarbeit kommt es vor, dass Pflanzen ein und derselben Familie, Gattung und Art trotzdem unterschiedlich aussehen oder sich anderweitig unterscheiden (z. B. robuster sind), dann können Züchter, Gärtner oder Landwirte diesen Besonderheiten einen Sortennamen geben und sie gezielt vermehren, beispielsweise *Cyclamen coum* ssp. *coum* f. *albissimum* 'Golan Heights'.

Hybride Durch gezielte Züchtung oder zufällige Bestäubung entstandene Kreuzung zwischen zwei unterschiedlichen Arten einer Gattung. Beispielsweise *Cyclamen* × *drydeniae*, welche eine gezielte Kreuzung zwischen *Cyclamen coum* und *Cyclamen alpinum* beschreibt. Sehr selten kann es auch Hybriden zwischen zwei Gattungen geben: Dann wird das × für Hybride großgeschrieben und vor einen neu kreierten Pflanzennamen gestellt. Wie etwa bei X *Sycoparrotia semidecidua* (eine Gattungshybride zwischen den beiden Baumarten *Sycopsis* und *Parrotia*).

intermediates Naturhybride. Treffen zwei (oder mehr) Naturstandorte von kreuzbaren Pflanzen aufeinander, können auch in der Natur (ohne züchterisches Hinzutun) Hybriden unterschiedlicher Arten und Gattungen entstehen. Beispiel: *Helleborus odoratus* × *H. multifidus*.

Group/Gruppe Gibt es charakteristische Auslesen einer Art, ssp., var. oder f., die sehr ähnliche, aber nicht einhundertprozentig gleiche Charakteristika (von fast gleich aussehenden, aber genetisch nicht identischen Pflanzen) zeigt, dann spricht man von Group oder Gruppe. Eine leicht variable Gruppe von Vorfrühlings-Alpenveilchen, die aber alle grau-silbernes Laub tragen, heißt beispielsweise *Cyclamen coum* ssp. *coum* Pewter Group.

Strain Müssen Pflanzen mit besonderen Eigenschaften durch Aussaat vermehrt werden, weil sie nicht oder nur sehr schwer zu teilen sind, können Züchter sogenannte „Strains" entwickeln, also samenvermehrbare Zuchtlinien. Die Nachkommenschaft aus einem Strain sieht sich optisch sehr ähnlich, wobei sie im Gegensatz zur Sorte nicht genetisch identisch ist. Möchte man das oben beschriebene grau-silberlaubige Vorfrühlings-Alpenveilchen in betont dunkler Blütenfarbe aus Samen vermehren, kann man durch gezielte Zucht einen Strain entwickeln, der sehr einheitliche Tochterpflanzen hervorbringt. Hierzu kreuzt man Elternpflanzen mit nahezu gleichem Aussehen. Die Erfolge der Zuchtarbeit könnten sich dann so lesen: *Cyclamen coum* ssp. *coum* Pewter Group, Dark Flowered Strain.

FACHBEGRIFFE A BIS Z

Abplaggen von Heideflächen Altertümliche Bearbeitung des Oberbodens in der Land- und Forstwirtschaft. Hierzu wird in regelmäßigem Turnus der Oberboden samt Vegetation entfernt. Zum Erhalt von Heideflächen wird dies in Naturschutzgebieten noch heute betrieben.

Aufasten Form des Gehölzschnittes, bei dem die unteren Äste von Bäumen und Sträuchern bis zum Stamm entfernt werden.

Aufrechen Zusammenharken von Pflanzenteilen (Falllaub, Nadeln, Grasschnitt, Heu etc.) mit einem Rechen oder einer Harke.

Auskämmen schnittunverträglicher Gräser Wollen wärmebedürftige Gräser (wie *Nasella tenuissima*) im Frühjahr nicht heruntergeschnitten werden, kann man den Gräserhorst mit einer engzinkigen Harke durchkämmen, um abgestorbene Halme zu entfernen.

Ausputzen Das Entfernen optisch störender oder kranker Pflanzenteile (Verblühtes, Verwelktes, Abgestorbenes etc.) zur Verbesserung des Gartenbildes und zur Vermeidung von Krankheitsbefall (etwa im winterlichen Treibhaus).

Barfrost Frostperiode mit Tagestemperaturen unter null Grad in Kombination mit Sonneneinstrahlung und ohne schützende Schneedecke.

Biodiversität Reichhaltigkeit in Bezug auf Verschiedenheit von Organismen an einem Ort (Pflanzen, Tiere, Pilze, Mikroorganismen).

Border Ursprünglich britische Bezeichnung einer wegbegleitenden oder dem Rasen folgenden gemischten Zierbepflanzung von meist länglicher Form.

caulescent/acaulescent Stammbildend beziehungsweise nicht-stammbildend: Unterschiedliche Arten einer (staudigen) Gattung können mitunter nach oben strebende stammartige Stängel ausbilden, an denen Laub und Blüten (deutlich über dem Boden) ausgebildet werden (caulescent = mit Stamm), oder die Blätter und Blüten kommen direkt aus dem Boden (acaulescent = ohne Stamm).

Copicing-Schnitt Gärtnerische Methode, bei der Gehölze ähnlich wie Stauden jährlich (Frühjahr) bis zum Boden heruntergeschnitten werden, um üppiges Trieb- und Blattwachstum zu provozieren, jedoch niemals einen ausgewachsenen Baum zu erhalten.

Dolde Schirmförmige Blütenform, bei der viele kleine Einzelblüten zu einem horizontalen Blütenteller zusammengesetzt sind.

Einjährige Kurzlebige Pflanzen, die im ersten Jahr zur Blüte kommen und nach der Samenbildung absterben. Damit unterscheiden sie sich deutlich von den zweijährigen und den mehrjährigen Pflanzen. Verschiedene Gemüse wachsen bei uns einjährig, würden aber in der natürlichen Heimat mehrjährig wachsen, z. B. Tomaten.

Garrigue Steppenhafte, mediterrane Pflanzengemeinschaft meist krautiger und strauchiger Natur, die auf heißen, sommertrockenen Standorten rund um das Mittelmeer zu finden ist, für deren Mitglieder Winternässe jedoch unproblematisch ist. Der Lavendel ist eine typische Garrigue-Pflanze.

Gehölz Mehrjährige, oft langlebige Pflanze, die – im Gegensatz zur nicht-immergrünen Staude – auch im Winter oberirdische, verholzte Organe (Stämme, Äste, Zweige) aktiv erhält. Diese können winters belaubt oder unbelaubt sein. Bäume und Sträucher sind typische Gehölze.

Geophyten Geophyten sind Pflanzen, die ungünstige Zeiten mithilfe von Zwiebeln, Knollen oder Rhizomen unterirdisch überdauern. Tulpen sind typische Geophyten.

guttiert/Guttation Von lateinisch gutta für Tropfen: Auch in der Botanik verwendeter Begriff, der in diesem Buch aber ausschließlich für die tropfenförmige Musterung von (*Helleborus*-)Blüten angewandt wird.

Habitus Äußeres Erscheinungsbild (Wuchs) einer Pflanze, beispielsweise straff aufrecht, weit überhängend, eher breit, als hoch usw.

Häcksel Von (zer-)hacken: Zerkleinertes. In diesem Buch in Bezug auf zerkleinerte Pflanzenmaterialien.

Layering siehe S. 67.

Mahd Mähen, das Gemähte (Wiese, Heu, etc.).

Mineralmulch In heißen, trockenen Bereichen des HORTVS' mulchen wir mit mineralischen Auflagen (Kies, Sand, Splitt etc.), da trockenheitsverträgliche Pflanzen oft Probleme mit Winternässe haben. Organische Mulchmaterialien (Rindenmulch o. ä.) saugen sich im Winter voll Wasser und würden die trockenheitsverträglichen Gewächse mitunter verfaulen lassen.

Mollusken Weichtiere, von lateinisch molluscus für weich. Schnecken beispielsweise sind Mollusken.

monokarpisch Nur einmal fruchtend. Das heißt, Pflanzen, die, wenn sie einmal Samen ausgebildet haben, nach der Fruchtreife absterben. Einjährige, wie der Klatschmohn, gehören ebenso wie etliche Bambusse (die nur alle 80 bis 120 Jahre blühen und fruchten) zu dieser Pflanzengruppe.

Mulch/Mulchung Die Bedeckung des Bodens mit Mulch verhindert das Austrocknen des Bodens, reguliert den Wärmehaushalt der oberen Bodenschicht und unterdrückt Unkraut. Mulchen kann man mit gut durchgereiftem Kompost, Gründüngungs-Schnitt, Rasenschnitt oder Mineralmulch. Offener Boden wird beim Gärtnern so gut es geht vermieden.

Nektarien Einige Pflanzengattungen haben evolutionär bedingt ihre Kelchblätter zu bunten Blütenblättern umgeformt. Aus den ehemaligen Blütenblättern formten sich insektenanlockende „Nektartöpfchen" – die sogenannten Nektarien. In der Gattung *Helleborus* ist dies besonders gut sichtbar.

Nematoden Fadenwürmer. Einige Arten lassen sich gezielt im Pflanzenschutz einsetzen (etwa gegen Dickmaulrüssler, Engerlinge oder Schnecken).

Neophyten Pflanzen aus anderen Erdteilen, die sich (nach 1492) in die hiesige Flora dauerhaft integrieren. Einige dieser Gewächse haben ein starkes Verdrängungspotenzial und können die alteingesessene („heimische") Flora aggressiv verdrängen.

oligolektisch Evolutionäre Ausprägung, bei der Lebewesen sich strikt nur von einer bestimmten Nahrungsquelle ernähren können. Beispielsweise ernährt sich die Zaunrüben-Sandbiene (*Andrena florea*) ausschließlich von den Blüten der Roten Zaunrübe (*Bryonia dioica*).

panaschiert/Panaschur Gemustertes Laub (selten auch Stängel und Blüten) einer Pflanzensorte. Die Musterung entsteht durch meist wahllos verteilte Flächen der Blätter, in denen kein oder weniger Chlorophyll enthalten ist. Die Panaschur kann weiß oder gelblich ausgeprägt sein. Viele Zierpflanzensorten wurden aufgrund dieser Mutation selektiert und sind beliebte, da in unseren Augen attraktive Gartenpflanzen. In der Natur würden solche Abnormitäten meist wieder verschwinden.

Petale Blütenblatt.

remontierfähige Pflanzen Gewächse, die auf einen Rückschnitt während der Vegetationsperiode (direkt nach der Blütezeit) mit erneuter Blütenbildung reagieren.

Rhizom Kriechendes, triebbildendes Speicherorgan von Pflanzen (beispielsweise bei manchen Geophyten). In der Küche verwendeter Ingwer ist ein Rhizom.

Samenstand Trockener Fruchtkörper von Pflanzen (im Gegensatz zur feucht-fleischigen Beere).

Selektion/Auslese Siehe „Sorte" S. 304.

Pflanzensoziologie Vergesellschaftungslehre von Pflanzen in der Natur – welche Pflanzen kommen an ihrem Naturstandort (oder auch in Kulturlandschaften) traditionell mit welchen Partnerpflanzen vor?

Spross Pflanzentrieb, Triebspitze, Keim.

Standortamplitude Beschreibt die Anpassungsfähigkeit verschiedener Gewächse. Das heißt: An welchem Standort können diese oder jene Pflanzen gedeihen? Wie schatten-/sonnen- verträglich sind sie? Welchen Boden brauchen sie zum Gedeihen usw. Pflanzen mit hoher Standortamplitude sind Generalisten und gedeihen in Sonne wie in Schatten, auf kargem oder nährstoffreichem Boden. Spezialisten brauchen einen ganz bestimmten, auf ihre (evolutionär entstandenen) Bedürfnisse abgestimmten (Garten-)Standort, beispielsweise Moorbeetpflanzen.

Staude Krautige, oft langlebige Pflanzen, die kein mehrjähriges Holz ausbilden. Die meisten Stauden (zu denen auch viele Gräser gehören) überwintern als Wurzelstock und treiben Jahr für Jahr erneut aus. Es gibt aber auch immergrüne Stauden.

Stauden entspitzen Reduktion des neu ausgetriebenen Frühlingszuwachses bei spätblühenden Stauden im April und Mai (Einkürzen um etwa ein Drittel, um die Hälfte oder bei wenigen Stauden, wie Astern, sogar der gesamten Pflanze bis zum Boden). Dieser Pflegeschnitt bringt standfestere, reichblütigere und kompaktere Pflanzen hervor. Einige Stauden können auch nach der Blüte entspitzt werden (siehe remontierfähige Pflanzen).

Stickstoffblockade Beim Auftragen von nicht-abgelagerten Mulchmaterialien (frischem Holzhäcksel, Pferdemist etc.) kann es passieren, dass durch erste Zersetzungsprozesse dem Boden (und somit den Pflanzen) Nährstoffe entzogen werden. Um dies zu verhindern, sollten alle Mulchauflagen gut abgelagert sein (2–4 Jahre), oder man muss vor der Aufbringung des Mulches organisch düngen, um die Stickstoffblockade auszugleichen.

Trieb Spross.

Verzweigungsschnitt Diverse Pflanzen reagieren unterschiedlich auf Schnittmaßnahmen. Einige Gewächse (Staude oder Gehölz) reagieren gärtnerisch positiv auf das Einkürzen der Triebspitzen – sie wachsen dichter und kompakter. Das beste Beispiel hierzu ist eine Hecke.

Vista Blick, Blickachse, Perspektive.

Wetter-Singularität Siehe S. 53.

Winteranuelle Einige „einjährige Pflanzen" keimen bereits im Herbst. Ihre Sämlinge sind frostresistent und überdauern die kalte Jahreszeit. Im nächsten Jahr wachsen, blühen und fruchten sie, um danach abzusterben. Im Gegensatz dazu keimen andere Einjährige erst im Frühjahr ihres Blütejahres.

Zweijährige Krautige Pflanzen, deren Lebenszyklus (von der Keimung bis zur Samenbildung) zwei Jahre, genauer zwei Vegetationsperioden dauert. Im ersten Jahr bildet sich oft eine bodenständige Blattrosette und im zweiten Jahr ein Blütentrieb mit anschließender Samenbildung. Danach stirbt die Pflanze ab.

PFLANZENINDEX

HINWEIS DES VERLAGS Die in diesem Buch erwähnten Pflanzen, die aus Platzgründen nicht mit Bild gezeigt werden konnten, stellen wir für Sie in der Pflanzensuche unserer kostenlosen Garten-App mit Foto und vielen Zusatzinformationen zur Verfügung. Weitere Infos auf **www.gardify.de.**

BEZUGSQUELLEN

STAUDENGÄRTNEREIEN

HORTVS Peter Janke Gartenkonzepte, Hilden, Deutschland, www.peter-janke-gartenkonzepte.de
Die Staudengärtnerei Till Hofmann & Fine Molz GbR, Rödelsee, Deutschland, www.die-staudengaertnerei.de
Staudengärtnerei Eidmann, Groß-Umstadt, Deutschland, https://staudengaertnerei-eidmann.de
Ewald Hügin Gärtnerei, Freiburg, Deutschland, www.ewaldhuegin.com
Staudengärtnerei Gerhild Diamant, Duisburg, Deutschland, www.stauden-diamant.de
Anja Maubach, Arends Staudengärtnerei, Wuppertal, Deutschland, www.anja-maubach.de
Sarastro-Stauden, Ort im Innkreis, Österreich, www.sarastro-stauden.com
Staudengärtnerei De Hessenhof, Ede, Niederlande, www.hessenhof.nl

BAUMSCHULEN

Böhlje Pflanzenhandel GmbH, Westerstede, Deutschland, www.boehlje.de
Garten Schwieters, Rosendahl-Holtwick, Deutschland, www.schwieters.de
lunaplant, Magnolia-Marketing GmbH, Kriftel, Deutschland, www.lunaplant.de
Eisenhut Vivaio Baumschule, San Nazzaro, Schweiz, www.eisenhut.ch

BLUMENZWIEBELN

Nijssen Tuin & Bulbs, Heemstede, Niederlande, www.nijssentuin.nl
Avon Bulbs Ltd, Burnt House Farm, South Petherton, Großbritannien, www.avonbulbs.co.uk

IMPRESSUM

Originalausgabe Becker Joest Volk Verlag
GmbH & Co. KG
Bahnhofsallee 5, 40721 Hilden

3. Auflage Oktober 2022
ISBN 978-3-95453-205-6

Text Peter Janke
Fotos Jürgen Becker
Peter Janke: S. 17 gelb-blütige und apricot-blütige *Helleborus*, S. 20, S. 43 *Lysichiton × hortensis*, S. 47 r., S. 48 *Santolina pinnata* ssp. *Neapolitana*, S. 55 *Paeonia lactiflora*, S. 55 *Paeonia ludlowii*, S. 55 *Paeonia tenuifolia*, S. 57, S. 60 *Choisya × dewitteana* 'Aztec Pearl', S. 74, S. 75 u., S. 86 *Anthriscus sylvestris*, S. 86 *Armeria maritima*, S. 86 *Phragmites australis*, S. 87, S. 90 *Centranthus ruber*, S. 100, S. 104, S. 106, S. 107 *Blechnum spicant*, S. 108, S. 115 *Silene coronaria*, S. 142 u., S. 193 *Isodon rubescens*, S. 197 u., S. 201, S. 204, S. 222 *Angelica archangelica*, S. 225 o. l., S. 228, S. 231, S. 232, S. 237, S. 239, S. 240, S. 250 *Cortaderia selloana*, S. 250 *Galanthus elwesii*, S. 252 *Hamamelis × intermedia* 'Pallida', S. 252 *Viburnum × bodnantense* 'Dawn', S. 255 *Daphne bholua*, S. 255 *Helleborus odorus*, S. 259, S. 262 *Jasminum nudiflorum*, S. 264 *Rubus thibetanus* 'Silver Fern', S. 266, S. 27, S. 273, S. 276, S. 278, S. 288, 292, S. 295 *Epimedium × versicolor* 'Sulphureum', S. 298 *Helleborus × hybridus × H. purpurascens*, S. 298 *Helleborus × intermediates*, S. 300, S. 301
Blickwinkel: S. 107 *Leucanthemum vulgare* S. 134 *Tithonia rotundifolia*
iStock/Marina Denisenko: S. 158 *Ajuga reptans* 'Atropurpurea'
Åsa Gregers-Warg: S. 82, 83
Martin Staffler: S. 28, 134, 182, 381 *Helianthus anuus* 'Ring of Fire'
Projektleitung Johanna Hänichen
Layout, Satz Dipl.-Des. Justyna Schwertner
Bildbearbeitung Ellen Schlüter
Lektorat Hans-Eckehard Volk
Botanisches Lektorat Dr. rer. nat. Janine Sommer, Jasmin Obholzer
Druck Firmengruppe Appl, aprinta druck GmbH